王晓蕾 姜旬恂 陈秉涵 / 编著

从新手到高手

剪映短视频制作

从新手到高手 （DeepSeek+豆包+即梦+特效+调色+合成）

清华大学出版社
北京

内 容 简 介

本书是一本结合剪映App与剪映专业版进行短视频制作的教程。书中通过大量实例展示剪映App与剪映专业版的软件操作，全方位讲解使用剪映App与剪映专业版开展剪辑工作的完整流程。

本书涉及剪映App与剪映专业版的视频编辑基础、工作环境、基本操作、素材剪辑、转场特效、字幕制作、视频效果、运动特效、音频效果、素材采集与叠加、抠像等核心技术。本书技法全面，案例经典，具有很强的针对性和实用性，案例均配备视频教程，并赠送实例的素材源文件，让读者在动手实践的过程中可以轻松掌握软件的使用技巧，了解视频的制作过程，充分体验剪映App与剪映专业版的学习和使用乐趣，并做到学以致用。

本书可作为入门级读者快速、全面掌握剪映App与剪映专业版技术及应用的参考书，也可以作为相关院校及培训学校的教材，还可作为广大视频编辑爱好者、影视动画制作者、影视编辑从业人员的自学教程。

版权所有，侵权必究。举报：010-62782989，beiqinquan@tup.tsinghua.edu.cn。

图书在版编目(CIP)数据

剪映短视频制作从新手到高手：DeepSeek+豆包+即梦+特效+调色+合成/王晓蕾，姜旬恂，陈秉涵编著．
北京：清华大学出版社，2025.6．--（从新手到高手）．
ISBN 978-7-302-69457-1

Ⅰ．TP317.53
中国国家版本馆CIP数据核字第2025BF0086号

责任编辑：陈绿春
封面设计：潘国文
版式设计：方加青
责任校对：胡伟民
责任印制：刘　菲

出版发行：清华大学出版社
　　网　　址：https://www.tup.com.cn，https://www.wqxuetang.com
　　地　　址：北京清华大学学研大厦A座　　　　邮　　编：100084
　　社 总 机：010-83470000　　　　　　　　　　邮　　购：010-62786544
　　投稿与读者服务：010-62776969，c-service@tup.tsinghua.edu.cn
　　质 量 反 馈：010-62772015，zhiliang@tup.tsinghua.edu.cn
印 装 者：三河市铭诚印务有限公司
经　　销：全国新华书店
开　　本：188mm×260mm　　　印　　张：12.25　　　字　　数：400千字
版　　次：2025年7月第1版　　　印　　次：2025年7月第1次印刷
定　　价：79.00元

产品编号：110334-01

前言
PREFACE

剪映是抖音母公司字节跳动推出的一款非常优秀的视频编辑软件，它凭借着编辑方式简便实用、对素材格式支持广泛、丰富的效果库等优势，得到了众多视频编辑工作者和爱好者的青睐。本书力求在一种轻松、愉快的学习氛围中，带领读者逐步深入地了解软件功能，学习剪映App与剪映专业版的使用技巧。

本书编写特点

本书主要以"理论知识讲解+实例应用讲解"的形式进行教学，能让初学者更易吸收书中内容，让有一定基础的读者更有效率地掌握重点和难点，快速提升视频编辑制作的技能。

每章的开始部分会对整章涉及的知识点进行讲解，并提供图片进行参考，然后讲解软件功能，最后针对软件功能的应用制作不同类型的案例，让读者在动手实践的过程中可以轻松掌握软件的使用技巧。本书的每章都配有经典案例，是章节所学知识的综合应用，具有重要的参考价值。读者可以边做边学，从新手快速成长为视频编辑高手。

全书内容安排

全书共11章，第1章和第2章主要介绍视频编辑的基础知识，以及剪映App和剪映专业版的基本操作；第3章和第4章主要介绍剪映专业版的视频特效和视频转场效果的应用及制作方法；第5章详细介绍字幕的创建及应用方法；第6章主要讲解利用关键帧制作视频动画效果的方法；第7章详细介绍快闪视频的制作方法，以及音频效果的实现与使用；第8章重点介绍复古DV的制作及画面色彩调整的方法；第9章着重介绍抠像与混合模式的具体应用；第10章详细讲解剪映与各种AI工具的联动使用；第11章介绍两个不同类型案例的制作方法，帮助大家巩固剪映专业版软件的各项操作及具体应用。

本书写作特色

本书以通俗易懂的文字，结合精美的创意实例，全面深入地讲解剪映App与剪映专业版的操作方法。本书有如下特色。

- 由易到难，轻松学习。本书以剪映App为辅，剪映专业版为主的方法，介绍行业案例，涵盖面广，可满足绝大多数用户的剪辑需求。
- 全程图解，一看即会。本书使用全程图解和示例的讲解方式，以图为主，文字为辅，帮助读者快速掌握。
- 知识点全，一网打尽。除了基本内容的讲解，书中还安排了技巧提示，用于对相应概念、操作技巧和注意事项等进行深层次解读。

本书的配套资源请扫描右侧的配套资源二维码进行下载，如果有技术性问题，请扫描右侧的技术支持二维码，联系相关人员进行解决。如果在配套资源下载过程中碰到问题，请联系陈老师，联系邮箱：chenlch@tup.tsinghua.edu.cn。

本书为OBE导向下新闻传播类专业课程教学标准与新媒体岗位能力对接研究，吉林师范大学校级重点项目。

作者
2025年5月

目录 CONTENTS

第 1 章
剪映入门——抖音剪辑神器　1

1.1 初识剪映　1
- 1.1.1 剪映概述　1
- 1.1.2 剪映 App 和剪映专业版的区别　1
- 1.1.3 下载并安装剪映 App　2
- 1.1.4 下载并安装剪映专业版　3

1.2 剪映工作界面详解　4
- 1.2.1 剪映 App 的工作界面　4
- 1.2.2 剪映专业版的工作界面　5

1.3 剪映专业版的首页功能　7
- 1.3.1 创建与管理项目　7
- 1.3.2 我的云空间　7
- 1.3.3 剪映模版　8
- 1.3.4 创作脚本　8
- 1.3.5 视频翻译　9
- 1.3.6 图文成片　9
- 1.3.7 导入工程文件　10

第 2 章
剪辑技巧——新手快速入门　11

2.1 剪辑的基本方法　11
- 2.1.1 匹配剪辑　11
- 2.1.2 跳切剪辑　12
- 2.1.3 声音剪辑　13
- 2.1.4 平行剪辑　13
- 2.1.5 交叉剪辑　14

2.2 添加素材的基本方法　14
- 2.2.1 添加本地素材　14
- 2.2.2 添加素材库中的素材　15
- 2.2.3 添加素材包中的素材　16

2.3 素材的基本处理　16
- 2.3.1 分割素材　16
- 2.3.2 替换素材　17
- 2.3.3 倒放视频　17
- 2.3.4 调换素材顺序　17
- 2.3.5 实现视频变速　18
- 2.3.6 复制与删除素材　19
- 2.3.7 改变素材持续时间　20

2.4 视频画面的基本调整　20
- 2.4.1 应用背景画布　20
- 2.4.2 调整画幅比例　21
- 2.4.3 旋转视频画面　21
- 2.4.4 裁剪视频画面　22
- 2.4.5 调整画面镜像　23

2.5 应用案例：制作毕业纪念相册　24
2.6 应用案例：制作唯美的天空之境效果　26
2.7 拓展练习：制作曲线变速效果　28

第 3 章
AI 玩法——视频特效的应用　29

3.1 AI 玩法概述　29
3.2 视频特效的使用　29
- 3.2.1 画面特效　29
- 3.2.2 人物特效　30
- 3.2.3 图片玩法　30

3.2.4	AI 特效	31

3.3 常用的视频特效 32

3.3.1	自然特效	32
3.3.2	氛围特效	32
3.3.3	边框特效	33
3.3.4	漫画特效	33
3.3.5	身体特效	34
3.3.6	克隆特效	34

3.4	应用案例：二段式 AI 变身视频	34
3.5	应用案例：制作 AI 分屏漫画	38
3.6	拓展练习：漫画人物出场效果	40
3.7	拓展练习：制作季节变换效果	40

第 4 章
Vlog 短片——制作丝滑转场效果 41

4.1 Vlog 概述 41

4.1.1	生活记录类	41
4.1.2	旅拍类	41

4.2 转场方式 42

4.2.1	无技巧转场	43
4.2.2	技巧性转场	45

4.3 剪映自带的转场效果 47

4.3.1	运镜转场	47
4.3.2	幻灯片转场	47
4.3.3	拍摄转场	48
4.3.4	光效转场	48
4.3.5	扭曲转场	48
4.3.6	故障转场	49
4.3.7	分割转场	49
4.3.8	自然转场	50
4.3.9	MG 动画转场	50
4.3.10	互动 emoji 转场	50
4.3.11	综艺转场	51

4.4	应用案例：夏日居家 Vlog	51
4.5	应用案例：外出旅游 Vlog	55
4.6	应用案例：可爱萌宠 Vlog	60
4.7	拓展练习：露营野餐 Vlog	63

第 5 章
商业广告——制作好看的字幕效果 64

5.1	商业广告概述	64
5.2	添加视频字幕	64
5.2.1	新建字幕	65
5.2.2	智能字幕	66
5.2.3	识别歌词	68
5.2.4	文字模板	69
5.2.5	AI 生成	69

5.3 美化视频字幕 70

5.3.1	字体设置	70
5.3.2	样式设置	71
5.3.3	花字效果	72
5.3.4	添加贴纸	73

5.4 制作字幕动画 74

5.4.1	入场	74
5.4.2	出场	74
5.4.3	循环	74

5.5	应用案例：古风汉服广告	75
5.6	拓展练习：特色美食广告	80
5.7	拓展练习：夏日饮品广告	80
5.8	拓展练习：时尚家居广告	80

第 6 章
动感相册——动画效果和关键帧的应用　81

6.1 动感相册概述　81
6.1.1 制作要点　81
6.1.2 主要构成元素　81

6.2 剪映的动画功能　82
6.2.1 入场动画　82
6.2.2 出场动画　83
6.2.3 组合动画　83

6.3 关键帧动画概述　84
6.3.1 关键帧动画原理　84
6.3.2 关键帧制作原理　84

6.4 常见的关键帧动画　86
6.4.1 缩放关键帧　86
6.4.2 旋转关键帧　87
6.4.3 位置关键帧　88
6.4.4 透明度关键帧　88

6.5 应用案例：复古风滚动相册　90
6.6 拓展练习：小清新旅行相册　96
6.7 拓展练习：汇聚照片墙相册　96
6.8 拓展练习：3D 运镜相册　97

第 7 章
快闪视频——音频效果的应用　98

7.1 快闪视频概述　98
7.1.1 认识快闪视频　98
7.1.2 镜头设计技巧　98

7.2 添加音频素材　99
7.2.1 剪映音乐库　99
7.2.2 抖音收藏音乐　100
7.2.3 链接下载音乐　101
7.2.4 提取视频音乐　102
7.2.5 添加音效素材　102

7.3 音频素材的处理　103
7.3.1 调节音量　103
7.3.2 视频静音　104
7.3.3 淡化效果　105
7.3.4 音频变速　106
7.3.5 音频变声　107
7.3.6 录制声音　107

7.4 音乐的踩点操作　108
7.4.1 手动踩点　108
7.4.2 自动踩点　108
7.4.3 抽帧卡点　109

7.5 应用案例：城市宣传快闪视频　110
7.6 拓展练习：招聘文字快闪视频　114
7.7 拓展练习：促销活动快闪视频　114
7.8 拓展练习：社团招新快闪视频　114

第 8 章
复古 DV——视频调色的技法　115

8.1 复古 DV 概述　115
8.2 认识色彩　115
8.2.1 色彩　115
8.2.2 色相　116
8.2.3 亮度与饱和度　116

8.3 调色的基本原理 116
  8.3.1 一级画面校色 116
  8.3.2 二级风格化调色 117
8.4 调节功能 117
  8.4.1 基础参数调节 117
  8.4.2 曲线调节 118
  8.4.3 HSL 调节 121
8.5 滤镜功能 122
  8.5.1 添加单个滤镜 122
  8.5.2 添加多个滤镜 123
8.6 美颜美体 123
  8.6.1 美颜功能 124
  8.6.2 美体功能 125
8.7 应用案例：校园复古磁带 DV 125
8.8 拓展练习：恋爱日常港风 DV 129
8.9 拓展练习：小清新旅拍日式 DV 130
8.10 拓展练习：老街回忆胶片风 DV 130

第 9 章
影视特效——合成与抠像技术 131

9.1 影视特效概述 131
9.2 视频抠像 131
  9.2.1 智能抠像 131
  9.2.2 自定义抠像 132
  9.2.3 色度抠图 133
9.3 视频合成 135
  9.3.1 画中画 135
  9.3.2 蒙版 135
9.4 混合模式详解 137
  9.4.1 变亮 138
  9.4.2 滤色 139
  9.4.3 变暗 139
  9.4.4 叠加 139
  9.4.5 强光 139
  9.4.6 柔光 139
  9.4.7 颜色加深 140
  9.4.8 线性加深 140
  9.4.9 颜色减淡 140
  9.4.10 正片叠底 140
9.5 应用案例：武侠片剑气特效 140
9.6 拓展练习：仙侠片变身特效 148
9.7 拓展练习：动漫 CG 灵魂出窍特效 148
9.8 拓展练习：科幻片分身合体特效 148

第 10 章
AI 联动——与 AI 工具关联使用 149

10.1 AI 概述 149
  10.1.1 关于 AI 149
  10.1.2 AI 在视频制作中的角色与应用 149
10.2 文本类 AI 工具 150
  10.2.1 DeepSeek 150
  10.2.2 豆包 151
10.3 绘画类 AI 工具 152
  10.3.1 Midjourney 152
  10.3.2 Stable Diffusion 153
10.4 视频类 AI 工具 155
  10.4.1 Topaz Video AI 155
  10.4.2 即梦 157
10.5 应用案例：故事绘本制作 158
  10.5.1 使用 Deep Seek 生成文本内容 158
  10.5.2 使用 Midjourney 生成素材 159
  10.5.3 导入剪映中进行剪辑 163
10.6 拓展练习：16∶9 动态绘本制作 167

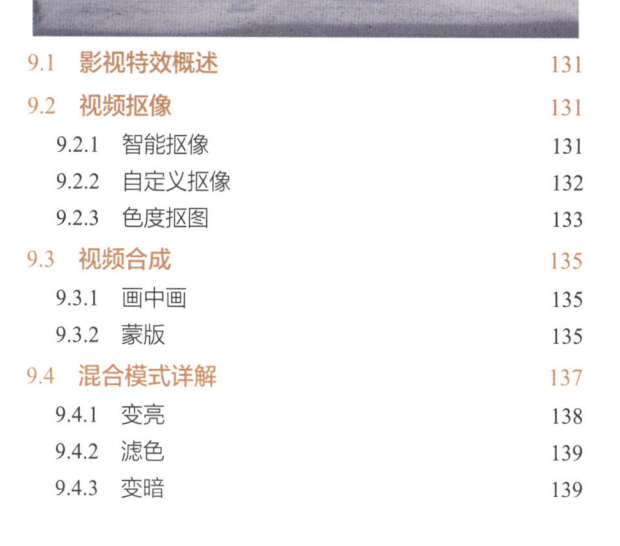

第 11 章
综合案例　168

11.1　时尚美妆广告　168
- 11.1.1　对素材进行剪辑　168
- 11.1.2　添加字幕并调整　170
- 11.1.3　添加转场和动画效果　174

11.2　城市宣传片　176
- 11.2.1　制作视频片头　176
- 11.2.2　对素材进行剪辑　178
- 11.2.3　添加转场和特效　179
- 11.2.4　添加音频和字幕　181

第1章
剪映入门——抖音剪辑神器

剪映作为抖音官方推出的一款剪辑软件，具有强大的视频编辑处理功能，同时其操作简单、功能全面的特点深受用户喜欢。

本章详细介绍剪映App与剪映专业版，帮助读者快速了解"剪映"这个拥有三亿月活的视频剪辑软件，为之后学习剪映的各种剪辑操作奠定良好的基础。

1.1 初识剪映

短视频的拍摄与上传非常讲求时效性。对于非专业短视频创作者来说，要用专业的设备完成视频的拍摄和处理工作，是一件既耗费精力，又耗费时间的事情。对于追求"时效性"和"轻量化"的短视频创作者来说，他们更希望使用一台手机就能完成拍摄、编辑、分享、管理等一系列工作，而剪映恰好能满足他们这一需求。

1.1.1 剪映概述

剪映是抖音官方于2019年5月推出的一款视频剪辑软件，如图1-1所示。带有全面的剪辑功能和丰富的曲库资源，并拥有多种滤镜、特效、贴纸效果，上线4个月便登上App Store榜首。剪映，让视频从此"轻而易剪"。截至2024年1月，剪映App在App Store中已有1492万个评分，拥有众多用户。

图1-1

同时剪映也紧跟科技潮流，在AI技术蓬勃发展的今天，剪映也在积极推出与AI相关的新功能，如图1-2所示。或是将旧功能升级与AI结合，为用户带来更好的体验。作为抖音母公司——字节跳动推出的剪辑软件，剪映正在和抖音、字节跳动其他的产品联动形成独特的生态圈。用户可以在剪映中使用抖音平台的素材，也可以抖音一键跳转剪映，使用模版进行剪辑。

1.1.2 剪映App和剪映专业版的区别

剪映专业版是抖音继剪映App之后，在PC端更新的视频剪辑软件。剪映App与剪映专业版最大的区别在于二者使用的平台不同，工作界面布局势必有所不同。

剪映App的工作界面如图1-3所示，可以看到工作界面布局较为紧凑，展示的内容较少。

图1-2

图1-3

剪映专业版基于计算机屏幕的优势，能够显示的内容更多，可以为用户呈现更为直观、全面的画面编辑效果。工作界面如图1-4所示。

图1-4

剪映App的诞生时间较早，目前既有的功能和模块趋于完善。剪映专业版则因为推出时间较晚，部分功能和模块仍需完善。

1.1.3 下载并安装剪映App

剪映App和剪映专业版的下载与安装方式不同。剪映App在手机应用商店中搜索"剪映"并点击安装即可；剪映专业版需要在计算机浏览器中搜索"剪映专业版"，进入官方网站后，在主页单击"立即下载"按钮进行安装。下面讲解具体的操作方法。

1. Android系统

（1）在手机桌面点击"应用市场"按钮，在顶部搜索栏中输入"剪映"，如图1-5所示。

（2）找到剪映App后，点击"安装"按钮，如图1-6所示。下载安装完成后，即可在手机桌面看到"剪映"App图标，如图1-7所示。

图1-5

图1-6

图1-7

2

> **提示**
>
> 手机应用的安装方法大同小异，不同品牌的Android系统手机安装过程可能略有差异。安装方式仅供参考，请以实际操作为准。

2. iOS系统

（1）点击"App Store（应用商店）"图标，如图1-8所示。进入"App Store（应用商店）"后点击右下角"搜索"按钮，如图1-9所示。在搜索栏中输入"剪映"，如图1-10所示。

图1-8 　　　　　　　　图1-9 　　　　　　　　图1-10

（2）搜索到应用后，可直接点击应用旁的"获取"按钮进行下载安装，如图1-11所示。也可以进入应用详情页，点击"获取"按钮进行下载安装，如图1-12所示。完成安装后可在桌面找到该应用，如图1-13所示。

图1-11 　　　　　　　　图1-12 　　　　　　　　图1-13

1.1.4 下载并安装剪映专业版

剪映专业版的下载和安装非常简单，下面以Windows版本为例讲解具体的下载及安装方法。

（1）在计算机浏览器中打开搜索引擎，在搜索框中输入关键词"剪映专业版"查找相关内容，如图1-14所示。

图1-14

（2）进入官方网站后，单击主页的"立即下载"按钮，如图1-15所示。

图1-15

（3）浏览器弹出任务下载框，用户可以自定义安装程序的下载位置，之后单击"保存"按钮进行保存即可，如图1-16所示。

图1-16

（4）完成操作后，在下载位置找到安装程序软件，双击程序文件，打开程序安装界面，单击"立即安装"按钮，即可开始安装剪映专业版，如图1-17所示。安装完成后即可使用。

图1-17

> **提示**
>
> 上述操作是基于Windows版本剪映专业版编写的，若使用版本不同，实际操作可能会存在差异，建议大家对照自身使用的版本进行变通。

1.2 剪映工作界面详解

剪映App和剪映专业版的工作界面都简洁明了，各功能按钮下方附有相关文字，用户可以对照文字轻松地管理和制作视频。下面介绍剪映App与剪映专业版的工作界面。

1.2.1 剪映App的工作界面

剪映App的工作界面分为首页界面和编辑界面。

1. 首页界面

下载并安装剪映App后，启动剪映App进入剪映App的首页，如图1-18所示。

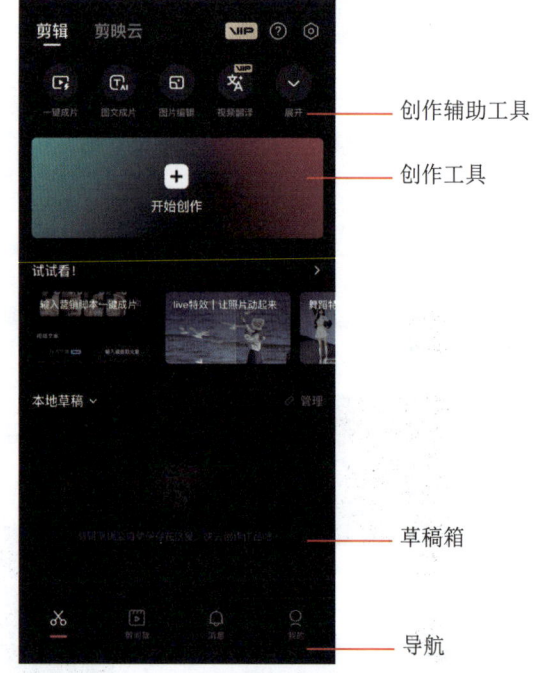

图1-18
（创作辅助工具、创作工具、草稿箱、导航）

首页罗列了许多功能，最主要的4个板块是位于导航中的"剪辑""剪同款""消息""我的"，如图1-19所示。

图1-19

点击底部导航中的"剪辑"、"剪同款"、

"消息" 、"我的"按钮 ，即可切换至对应的功能界面。各功能界面的说明如下。

- 剪辑：包含创作工具和创作辅助工具以及草稿箱。
- 剪同款：包含各种各样的模板，用户可以根据菜单分类模板进行套用，也可以通过搜索框搜索自己想要的模板进行套用。
- 消息：接收官方的通知及消息、粉丝的评论及点赞提示等。
- 我的：展示个人资料情况及收藏的模板。

> **提示**
> 13.1.1版本中的剪映App底部导航有5个功能，新版本将"创作学院"功能合并至"我的"功能中。

2. 编辑界面

在首页界面点击"开始创作"按钮，进入素材添加界面，选择相应素材并点击"添加"按钮后，即可进入视频编辑界面，如图1-20所示。该界面由三部分组成，分别为预览区、时间轴和工具栏。

图1-20

- 预览区：用于实时查看视频画面，此区域始终显示当前时间线所在的那一帧的画面。可以说，视频剪辑过程中的任何一步操作，都需要在预览区确认其效果。对完整视频进行预览后，发现已经没有必要继续修改时，一个视频的后期剪辑就完成了。

例如，图1-20中，预览区左下角显示的00：00/00：03，表示当前时间线所在的时间刻度为00：00，00：03则表示视频总时长为3s。

点击预览区底部的"播放"按钮 ，即可从当前时间线所处位置开始播放视频；点击"撤销"按钮 ，即可撤回上一步操作；点击"恢复"按钮 ，即可在撤回操作后再将其恢复；点击"全屏"按钮 ，即可全屏预览视频。

- 时间轴：使用剪映App进行视频后期剪辑时，90%以上的操作是在时间轴中完成的，该区域中包含三大元素，分别是轨道、时间线和时间刻度。当需要对素材长度进行裁剪或者添加某种效果时，需要同时运用三大元素来精准控制裁剪和添加效果的范围。
- 工具栏：剪映编辑界面的底部为工具栏，剪映中几乎所有的功能都能在工具栏中找到相关选项。在不选中任何轨道的情况下，显示的为一级工具栏；点击相应按钮，即可进入二级工具栏。需要注意的是，选中某一轨道后，剪映的工具栏会随之发生变化，变成与所选轨道相匹配的工具栏。

1.2.2 剪映专业版的工作界面

双击"剪映"图标，单击"开始创作"按钮，即可进入剪映专业版的工作界面。剪映专业版的整体操作逻辑与剪映App几乎一致，由于计算机的显示器屏幕较手机屏幕更大，故剪映专业版的操作界面和剪映App的操作界面存在一定区别。

只要了解各功能、选项的应用，学会剪映App的操作方法后，也能够较快上手使用剪映专业版进行剪辑。

剪映专业版界面如图1-21所示，主要包含六大区域，分别为工具栏、素材管理窗口、预览窗口、检查器窗口、常用工具栏和时间轴。六大区域分布着剪映专业版的所有功能和选项。占据空间最大的是时间轴，该区域也是剪映专业版中视频剪辑的主要区域。在剪映专业版中，剪辑的绝大部分工作都会对时间轴的轨道进行编辑，以实现预期的视频效果。

5

工具栏

素材管理窗口

常用工具栏

时间轴

预览窗口

检查器窗口

图1-21

剪映专业版各区域功能如下。

- 工具栏：包含"媒体""音频""文本""贴纸""特效""转场""滤镜""调节""素材包"等。其中只有"媒体"没有在剪映App中出现。在剪映专业版中选择"媒体"选项 ，可以从"本地"或者"素材库"中选择素材并将其导入素材管理窗口。
- 素材管理窗口：选择工具栏中的"贴纸""特效""转场"等选项，其可用素材、效果等均会在素材管理窗口显示出来。
- 预览窗口：在后期剪辑过程中，可随时在预览窗口查看效果。单击预览窗口右下角的"全屏"按钮 ，可以全屏预览；单击右下角的"比例"按钮 ，可以调整画面比例。
- 检查器窗口：选中时间轴的某一轨道后，检查器窗口会出现该轨道的效果设置参数。选中视频轨道、音频轨道、文字轨道时，检查器窗口会根据选中轨道类型的不同出现不同变化。例如，选中音频轨道后，检查器窗口如图1-22所示。

图1-22

- 常用工具栏：可以快速对视频进行分割、删除、定格、倒放、镜像、旋转和裁剪操作。用户操作出现失误时，单击"撤销"按钮，即可将这一步操作撤销；单击"选择"按钮，即可将光标的作用设置为"选择"或分割。选择"分割"选项，在视频轨道上单击，即可在当前位置分割视频。
- 时间轴：包含三大元素，分别为轨道、时间线、时间刻度。由于剪映专业版的界面较大，所以不同的轨道可以同时显示在时间轴区域，如图1-23所示。

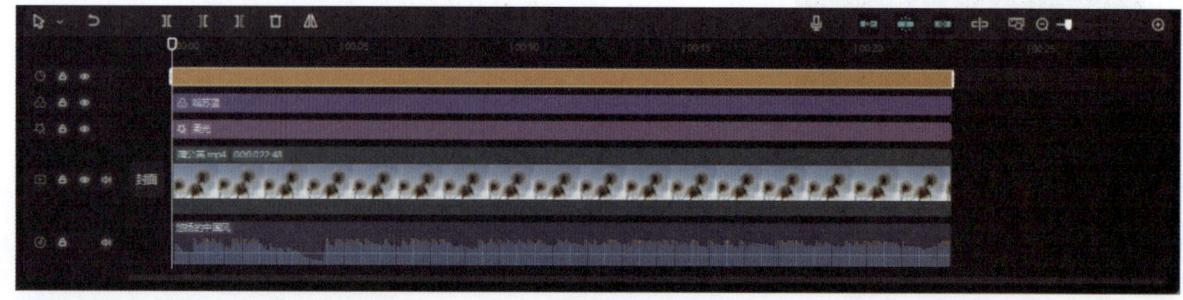

图1-23

> **提示**
>
> 使用剪映App时，由于图片和视频都是从手机相册中选取，所以手机相册就相当于剪映的素材区。在剪映专业版中，因为计算机中没有固定的用于存储所有图片、视频的文件夹，所以为了方便操作，剪映专业版设计了单独的素材区，即素材管理窗口。使用剪映专业版进行后期处理的第一步，就是将准备好的一系列素材全部添加至素材管理窗口。在后期处理过程中，需要使用哪个素材，就将哪个素材从素材管理窗口拖至时间轴区域即可。

1.3 剪映专业版的首页功能

启动剪映专业版，首先映入眼帘的是首页界面。本节介绍剪映专业版的首页功能。

双击"剪映"图标 ，进入剪映专业版的首页界面，如图1-24所示。

图1-24

在剪映专业版的首页中，可以看到视频翻译、图文成片、智能转比例、创作脚本、一起拍等功能。

1.3.1 创建与管理项目

创建与管理剪辑项目，是视频编辑处理的基本操作，也是新手用户需要预先学习的内容。

进入剪映专业版的首页界面，单击"开始创作"按钮，即可进入视频编辑界面，此时剪映会自动创建一个以创建日期为名称的视频剪辑项目，退出编辑界面就可以在首页界面看到新建的剪辑项目，如图1-25所示。

图1-25

将光标移动至剪辑项目上，剪辑项目的右下角会出现三个点按钮，单击该按钮即可展开菜单，如图1-26所示。

图1-26

可以对剪辑项目进行上传至云空间、重命名、复制草稿、剪映快传和删除操作，通过这些操作实现对剪辑项目的管理。

1.3.2 我的云空间

剪映专业版为用户提供了云空间，用户可以将剪辑项目上传至云空间，实现多端剪辑。

移动光标至需要上传至云空间的剪辑项目，右击，在弹出的快捷菜单中选择"上传"选项，如图1-27所示。选择上传位置后，单击"上传到此"按钮，如图1-28所示，即可将该剪辑项目上传至云空间。

图1-27　　　　图1-28

单击首页界面左侧的"我的云空间"按钮，即可看到云空间内的剪辑项目，如图1-29所示。在首页界面中，已经上传至云空间的剪辑项目会在项目缩略图的右上方显示云朵标识，提示该剪辑项目已在云空间中。

图1-29

用户也可以对云空间内的剪辑项目进行操作，例如下载、重命名、复制、剪切、删除和复制至小组，如图1-30所示。

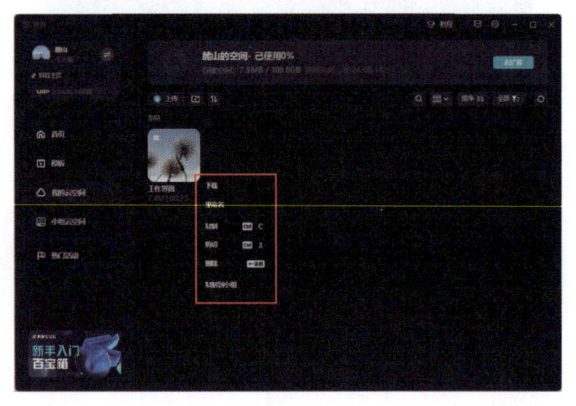

图1-30

> **提示**
> 剪映云空间容量额度较低，需要用户开通会员或者额外购买扩容才能获取更大容量，用户可以酌情购买。

1.3.3 剪映模版

抖音的许多热门视频都会为用户提供同款视频模板，便于新手使用该模板快速进行短视频创作。

在首页界面单击左侧的"模板"按钮，即可切换至模板区域，在这里用户可以根据剪映的分类选择喜欢的模板进行套用，如图1-31所示。

图1-31

移动光标至模板上，模板会放大，此时用户可以对模板进行收藏、使用模板、解锁草稿操作，如图1-32所示。

图1-32

> **提示**
> 剪映中的模板在没有解锁草稿的情况下只能替换素材进行使用，用户想要进行更多操作，需要付费解锁草稿。

1.3.4 创作脚本

脚本是一个高质量短视频的基础，在进行短视频创作时，撰写脚本能够帮助创作者合理地安排短视频的剧情，并高效率地进行短视频创作。

在剪映专业版的首页界面中单击"创作脚本"按钮，如图1-33所示。

图1-33

8

剪映会自动打开浏览器，跳转至创作脚本编辑网页。剪映会自动创建一个以创建日期为名称的创作脚本，并会自动上传至云空间，如图1-34所示。

图1-34

在该网页内，用户可以调整创作脚本中某一行或是某一列的位置，拖曳白色方块即可移动，如图1-35所示。

图1-35

提示

剪映只为用户提供最基础的创作脚本样式，用户可以根据自身需求修改该样式，以便于创作出更好的创作脚本。

1.3.5 视频翻译

剪映引入AI技术，推出了视频翻译功能。在剪映专业版的首页界面中单击"视频翻译"按钮，如图1-36所示。

图1-36

在弹出的"视频翻译"对话框中可以导入素材，如图1-37所示。剪映对视频的翻译不仅仅停留在字幕层面，还可以对素材中的人声部分进行分析，模拟生成相似的音色，并使用模拟音色对翻译后的内容进行朗读。

图1-37

剪映为用户提供了6种语言，分别为中文、英语、日语、西班牙语、葡语和印尼语，如图1-38所示。

图1-38

1.3.6 图文成片

剪映中的AI技术应用并不只视频翻译一项，图文成片也是AI技术在剪映中的应用。

在剪映专业版的首页界面单击"图文成片"按钮，如图1-39所示。

图1-39

在图文成片对话框中，用户可以根据想要的视频类型输入关键词，选择相应视频生成文案，然后根据文案内容让剪映选择互联网上的相应素材来生成视频；也可以在自定义输入中输入已经撰写好的文案内容来生成视频，如图1-40所示。

图1-40

图1-41

1.3.7 导入工程文件

作为国内热门视频编辑软件之一，剪映还支持导入Premiere Pro和FinalCut的工程文件进行剪辑。在导入之前，需要用户先开启"导入工程"功能。

在剪映专业版的首页界面，单击右上角的齿轮按钮，在弹出的菜单中选择"全局设置"选项，如图1-41所示，即可展开"全局设置"对话框。开启"导入工程"功能，如图1-42所示。单击"保存"按钮，保存更改后的设置。

图1-42

开启"导入工程"功能后，首页界面会出现"导入工程"按钮。开启前后对比如图1-43和图1-44所示。

图1-43

图1-44

第 2 章
剪辑技巧——新手快速入门

视频剪辑是一项精彩而多才多艺的技能,为电影、电视、社交媒体和在线内容创作提供了无限的可能。剪辑不仅仅是简单地将一系列视频片段拼接在一起,更是一门综合性的艺术与技术,需要掌握一系列基础知识和技能。

2.1 剪辑的基本方法

"剪辑"可以说是视频制作中不可或缺的一部分。如果只依赖前期拍摄,那么势必在跨越时间和空间的画面中会出现很多冗余的部分,也很难把握画面的节奏与变化。利用"剪辑"重新组合各视频片段的顺序,并剪掉多余的片段,可以令画面的衔接更为紧凑,结构更严密。本节介绍剪辑的基本方法,帮助读者了解。

2.1.1 匹配剪辑

匹配剪辑是常用的剪辑手法之一,通过视觉或听觉的相似性将两个镜头无缝衔接起来。利用相似性创造一个流畅的过渡,增强视频内容的故事性并吸引观众。

使用匹配剪辑时应该遵循匹配原则,前后镜头中色彩、影调及运动的方向、物体的相对位置、视觉的注意中心、视线的方向等均保持统一并前后呼应。景别、位置、方向以及影调色彩与相似类别的匹配原则,体现剪辑的基本功。

匹配剪辑分为人物匹配和景别匹配两种。

1. 人物匹配

进行人物匹配时应注意三个一致:人物的景别最好一致;人物的角度最好一致;人物在画面的位置一致。例如拍摄一段周末出游Vlog,可以在图2-1所示的画面后接上图2-2所示的画面。人物景别、角度和所在位置大致一致,能够形成流畅的过渡。

图2-1

图2-2

2. 景别匹配

如果素材杂乱或是画面中的人物较少,应当设法去寻找相同的景别匹配在一起。例如剪辑景别时将近景与近景匹配在一起,如图2-3和图2-4所示;或是将特写与特写匹配在一起。

图2-3

图2-4

> **提示**
> 在具体的剪辑过程中可以多去寻找近景、特写这两个景别去匹配，这样能够带来更好的画面效果。

一个短视频播放的几分钟内，创作者的音乐风格和视频节奏也许很合适，但是从镜头和画面上却感觉非常别扭、杂乱、看不懂。那么创作者就可以尝试匹配剪辑，通过匹配剪辑帮助观众理解短视频中的内容。

2.1.2 跳切剪辑

与匹配剪辑一样，跳切是一种有效的视频剪辑技术，可以描绘时间的跳跃。如果使用得当，它可以有助于叙事。下面介绍跳切剪辑的定义，再讨论跳切剪辑的一些使用方法。

跳切是"切"的一种，属于一种无技巧的剪辑手法，目前已经被大量应用在影视剧、电视综艺、广告宣传等作品的剪辑中。跳切打破常规状态镜头切换时所遵循的时空和动作连续性要求，以较大幅度的跳跃式镜头组接，突出某些必要内容，省略时空过程，达到某种特殊效果。跳切就像是一个简单的英文短句，例如"What is this？"在经过跳切处理后，这个句子将变成"Wh t s thi？"。

跳切打破了传统镜头组接的规律，省略了某些动作，例如画面从图2-5立刻跳转至图2-6，会让观众产生画面跳跃的感觉。一般在采用"跳切"剪辑手法时，都带有一定的目的性。

图2-5

图2-6

1. 切掉动作过程而形成叙事省略

跳切对于叙事而言，最实质的作用是压缩时间和空间，剔除不需要的部分，快速推进动作或事件，加快叙事。

例如现在有一位应聘者要在短时间内面试很多公司，常规的剪辑会保留大部分动作，使用跳切剪辑则可以只留下应聘者坐在HR面前的画面，如图2-7所示。应聘者不变，环境在变，省略掉大部分的动作，突出短视频内面试多家公司这一重点，加快叙事。

图2-7

2. 调整视频节奏而制造高潮渲染情绪

除了叙事上的省略，跳切剪辑手法还可以发挥更大的功效。

在一组镜头内使用跳切，使其成一组反复、成堆的内容出现，会加强剪辑的节奏感，使段落具有流畅的韵律。

例如现在剪辑一名女性化妆的过程，常规的剪辑会保留女性拿起各种化妆品和使用化妆品的画面。如果使用跳切的剪辑手法，则简化成粉扑、粉底、气垫等全部是一个动作一个点，只保留使用的画面，如图2-8所示。跳切的剪辑点像鼓点一样明显，形成了一种不拖沓的节奏感。

图2-8

人眼希望看到流畅、连续的运动，而跳切违背了这种审美观。正因如此，通过跳切制作的不符合观看规律的画面，能够给观众带来紧张感。

> **提示**
> 创作者要根据影片想表达的内容来确定是否要选择跳切这一剪辑手法，在剪辑时也要注意镜头组接的流畅性，以形成一定的节奏感，更好地让观众感受到你想传递的特殊含义。

跳切剪辑与匹配剪辑的不同之处在于，后者旨在两个单独的场景之间创建无缝过渡。匹配剪辑的目标是在两个不同的对象、主题或设置之间进行隐喻比较。

2.1.3 声音剪辑

一个好的视频并不仅依靠画面，将声音与画面结合能够让视频表现更加优秀。在视频剪辑中的声音剪辑一般分为J-Cut和L-Cut。J-Cut与L-Cut为简单且有效的影片编辑选项，能让观众在场景变换时保持专注。这两者都隶属分割编辑范畴，也可视为场景转换效果，可从任一镜头转换至另一镜头，并让当中的音效与视觉于不同的时间点产生变化。由于J-Cut和L-Cut在观看中能让观众保有视觉延续性，一般会作为场景影片画面的转场，借此取代淡化或交叉溶解等传统转场效果。

1. J-Cut

J-Cut是时间轴区域的音频素材和视频素材呈现J型，如图2-9所示。J-Cut可以实现声音先入的视频效果，为后面的画面切入埋下伏笔，能够实现自然的画面过渡效果。

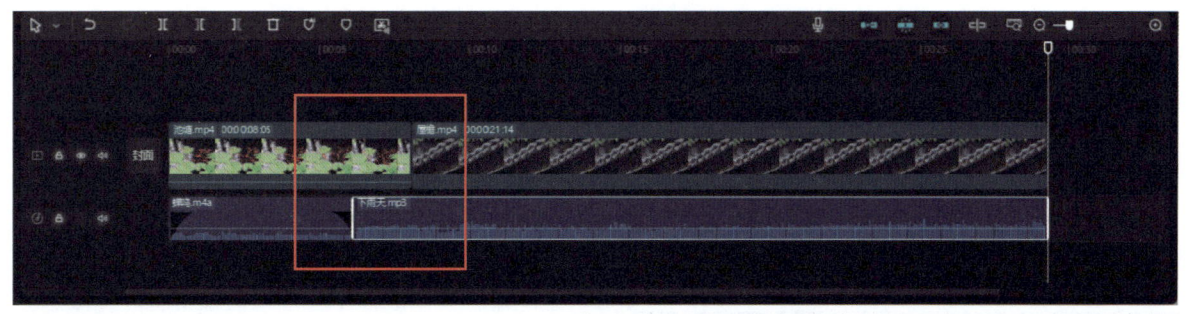

图2-9

2. L-Cut

L-Cut是时间轴区域的音频素材和视频素材呈现L型，如图2-10所示。L-Cut可以实现声音后入的视频效果。

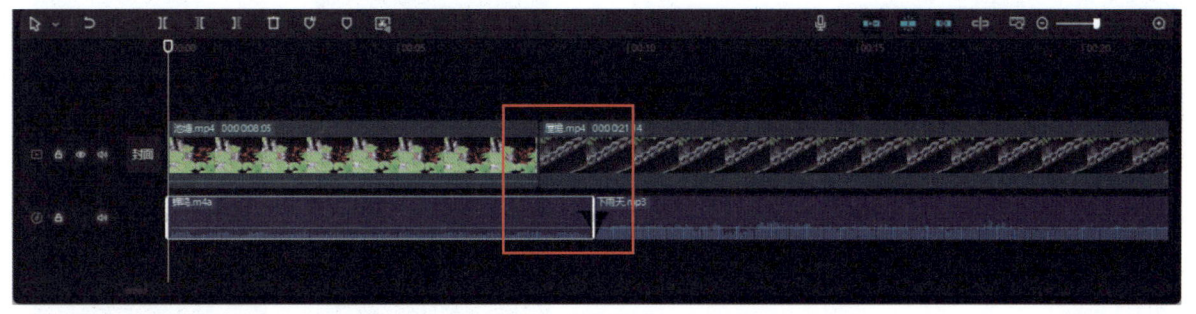

图2-10

2.1.4 平行剪辑

平行剪辑又称并列剪辑，常以不同时空或同时异地发生的两条或两条以上的情节线并列表现，分头叙述而统一在一个完整的结构之中；或多个事件相互穿插表现，揭示一个统一的主题或者剧情。

例如现在制作一部都市爱情短片，前期男女主互不相识，就可以使用平行剪辑。男主在咖啡店门口接电话，如图2-11所示。接完电话后回到咖啡店内，不小心撞到了窗边正在工作的女主，如图2-12所示。二人因此结识，引出后续的剧情。

图2-11

图2-12

2.1.5 交叉剪辑

交叉剪辑又称交替剪辑，是将同一时间不同地点发生的两条或两条以上的情节线，迅速而频繁地交替剪接在一起，其中一条线索的发展往往影响另外一条线索，各条线索相互依存，最后汇合在一起。

在惊险片、恐怖片和战争片中经常看到描写追逐和惊险的场面，一般都是使用交叉剪辑的方式，使画面更加有戏剧效果。电影里经常出现的"最后一分钟营救"，就是交叉剪辑。

例如剪辑一段火灾现场救援的视频，使用交叉剪辑，就可以先剪辑消防车不断开来火灾现场的画面，如图2-13所示。再剪辑消防员灭火的画面，如图2-14所示。将两种画面交替剪辑。

图2-13

图2-14

2.2 添加素材的基本方法

添加素材是视频编辑处理中的基础操作，也是新手需要优先学习的内容。下面介绍剪映中添加素材的具体操作方法。

2.2.1 添加本地素材

剪映App作为一款手机端应用，它与PC端常用的Premiere Pro、会声会影等剪辑软件有许多相似点，例如，在素材的轨道分布上同样做到了一类素材对应一条轨道。

打开剪映App，在主界面点击"开始创作"按钮，如图2-15所示。打开手机相册，用户可以在相册中选择一个或多个视频或图像素材，完成选择后，点击底部的"添加"按钮，如图2-16所示。

图2-15 　　　　　图2-16

进入视频编辑界面后，可以看到选择的素材已经被添加，如图2-17所示。当用户添加了其他类型的素材，例如音乐素材，剪映会根据素材类型将素材放置在不同轨道上，如图2-18所示。

图2-17 　　　　　　图2-18

互联网热门素材，用户可以在素材库中根据自己的需求选择合适的素材。

点击时间轴区域的"添加"按钮+，如图2-19所示，即可进入剪映的素材库，如图2-20所示。

图2-19　　　　　　图2-20

> **提示**
> 剪映App因为设备限制，编辑界面中的素材显示较剪映专业版会更加精简，默认仅显示主轨道的图片、视频素材和音频轨道上的音频素材。

2.2.2　添加素材库中的素材

在剪映App中，用户除了可以添加手机相册中的视频和图像素材，还可以选择剪映素材库中的视频素材及图像素材。

剪映官方为用户提供了素材库，里面包含各种

用户可以根据剪映的分类选择需要的素材，也可以通过搜索框寻找合适的素材。找到合适的素材后，点击"添加"按钮，如图2-21所示。进入视频编辑界面，可以看到所选的素材已经添加至时间轴区域，如图2-22所示。

图2-21 　　　　　　图2-22

> **提示**
>
> 剪映素材库中的素材仅能在剪映、抖音中使用，不能导出单独使用，否则会侵权。

2.2.3 添加素材包中的素材

在剪映中，除了可以添加本地素材和素材库中的素材，也可以添加素材包中的素材用于剪辑。不同于素材库，素材包中的素材都是组合好的，并对素材进行了一定处理。

在不选中任何素材的情况下，点击底部工具栏中的"模板"按钮，如图2-23所示。展开二级工具栏后，选择"素材包"选项，如图2-24所示。

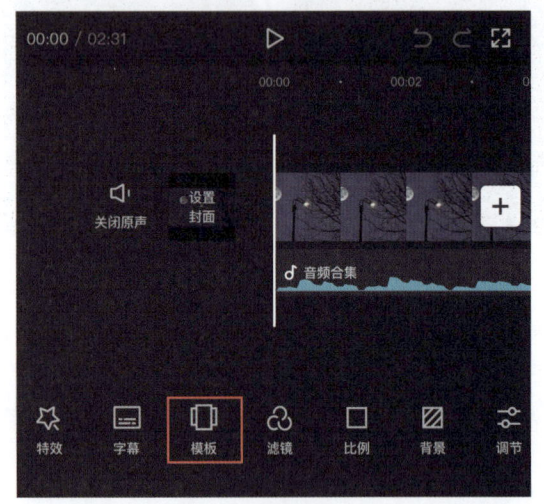

图2-23

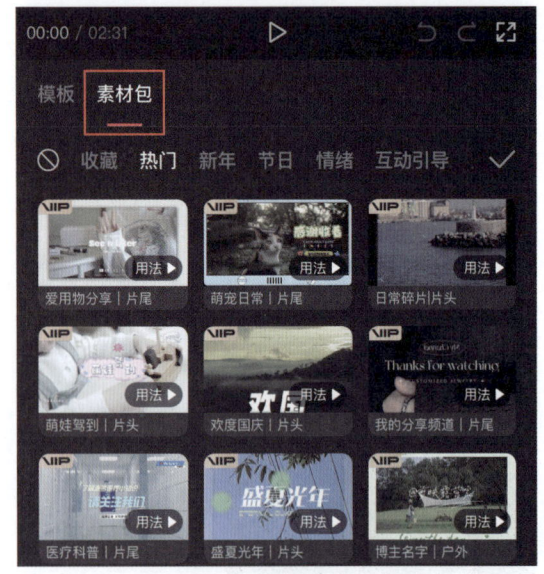

图2-24

剪映将素材包进行了分类，用户可以快速找到合适的素材包。选择素材包后，预览窗口中可以看到素材包应用后的效果，如图2-25所示。

图2-25

2.3 素材的基本处理

在剪映App中，用户可以在时间轴中编辑置入的素材，并依据构思自如地组合、剪辑素材，使视频形成所需的播放顺序。下面介绍素材处理的一些基本操作，帮助用户快速掌握视频剪辑的方法和技巧。

2.3.1 分割素材

导入素材后，可以对其进行分割处理，结合删除等操作可以实现素材的剪辑处理。

在剪映App中导入素材后，选中素材，移动时间线至需要分割的位置，点击二级工具栏中的"分割"按钮，即可分割素材，如图2-26所示。

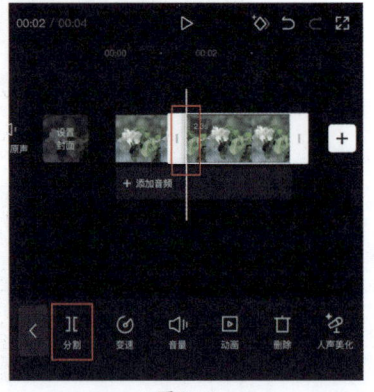

图2-26

2.3.2 替换素材

素材的替换也很简单，选中素材后点击"替换"按钮，如图2-27所示，即可选择本地素材或者素材库中的素材进行替换，也可以选择替换片段的位置。选择完成后点击"确认"按钮，即可完成替换，如图2-28所示。

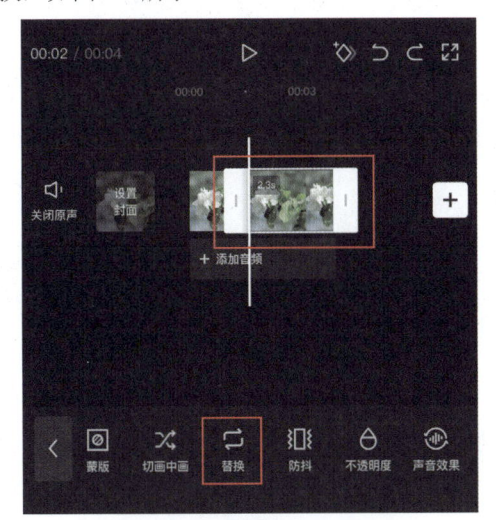

图2-27

图2-28

2.3.3 倒放视频

在时间轴区域内，选中需要进行倒放操作的素材片段，点击"倒放"按钮，如图2-29所示。剪映会对素材进行倒放操作，完成后会提示"倒放成功"，如图2-30所示。

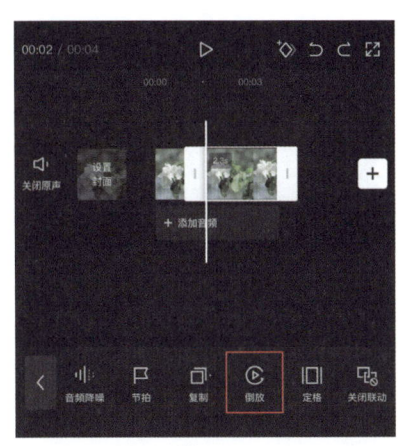

图2-29

图2-30

2.3.4 调换素材顺序

剪辑时难免遇上需要调换素材顺序的情况，使素材与素材之间衔接得更加合理。长按需要调换顺序的素材进行挪动，松手后即可完成素材的调换，如图2-31和图2-32所示。

图2-31

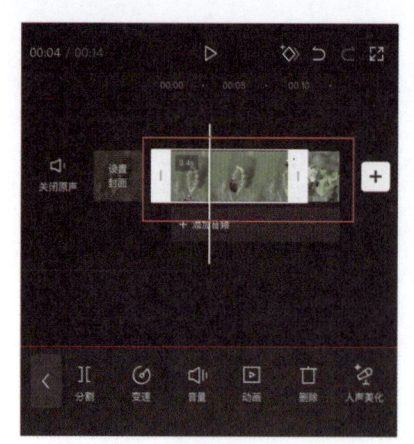

图2-32

2.3.5 实现视频变速

对视频素材进行适当的变速可以制作不一样的视频效果。剪映中的变速分为常规变速和曲线变速。

选中素材后,点击"变速"按钮,如图2-33所示。展开二级工具栏,即可看到"常规变速"和"曲线变速",如图2-34所示。

图2-33

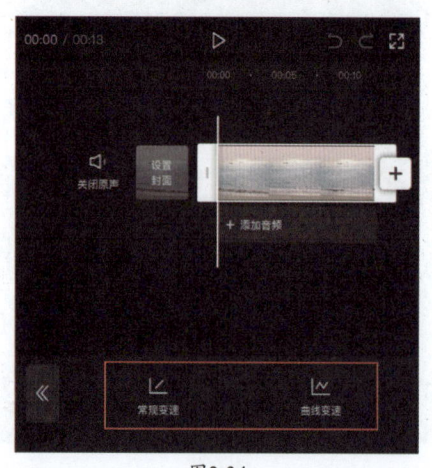

图2-34

1. 常规变速

点击"常规变速"按钮,如图2-35所示,进入常规变速选项栏,可以设置变速倍数,如图2-36所示。

图2-35

图2-36

2. 曲线变速

剪映为用户提供了多种曲线变速的预设,便于用户选择。除此之外还可以自定义曲线变速效果。

点击"曲线变速"按钮,如图2-37所示,即可看到曲线变速选项栏。剪映为用户提供了6种预设效果,分别为"蒙太奇""英雄时刻""子弹时间""跳接""闪进""闪出",如图2-38所示。

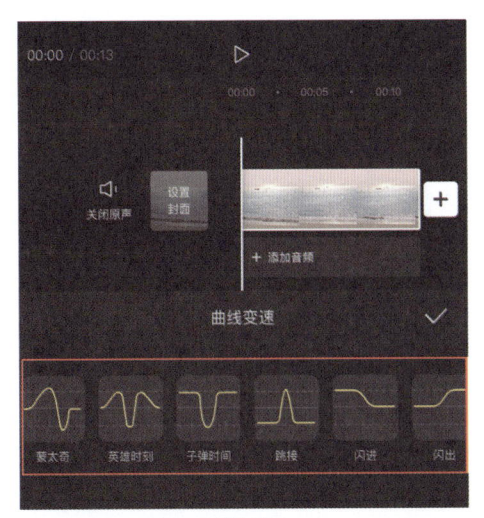

图2-37

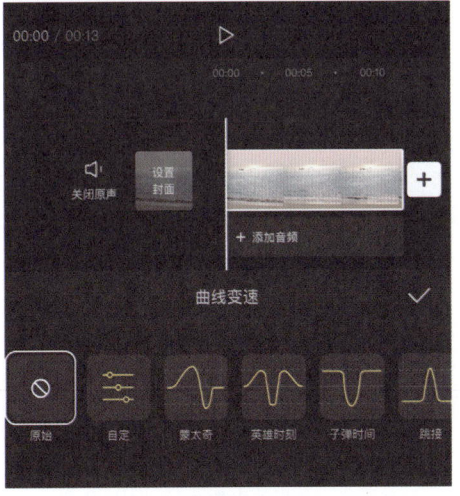

图2-38

选择某一预设效果后，图标会出现相应的变化，如图2-39所示。再次点击该图标，可以编辑预设效果，如图2-40所示。

图2-39

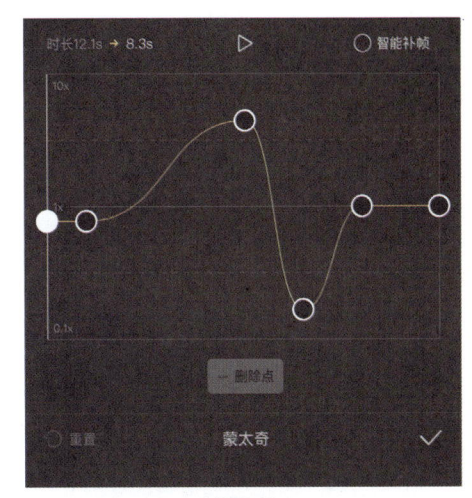

图2-40

2.3.6 复制与删除素材

在剪映中执行复制与删除操作，可以更快地进行剪辑。在编辑界面中，选中想要进行复制操作的视频素材，点击"复制"按钮，如图2-41所示。时间轴区域内会立马复制一段视频素材，如图2-42所示。

图2-41

图2-42

19

删除素材也很简单，选中需要删除的视频素材，点击"删除"按钮，如图2-43所示，剪映会删除该素材片段，如图2-44所示。

图2-43

图2-44

2.3.7 改变素材持续时间

剪辑时经常需要调整素材持续时间，从而更好地把握视频节奏。如果执行分割、删除操作来改变素材持续时间，操作较为烦琐。选中需要改变持续时间的素材，素材左右两端会出现白色小方块，如图2-45所示。直接拖曳白色小方块，可以调整素材的持续时间，如图2-46所示。

图2-45

图2-46

> **提示**
> 拖曳白色小方块调整素材持续时间时会自动吸附至时间线所处位置，所以用户在拖曳时可以先将时间线移动至选好的时间点处，再拖曳白色小方块，就能够比较精准地改变素材持续时间。

2.4 视频画面的基本调整

影片编辑工作是一个不断完善和精细化原始素材的过程。本节介绍视频画面基本调整的相关操作。

2.4.1 应用背景画布

在进行视频编辑工作时，若素材画面没有铺满画布，会对视频观感产生影响。在剪映中，可以使用"背景"功能来添加彩色画布、模糊画布或自定义图案画布，以达到丰富画面效果的目的。

在不选中任何素材的情况下，点击底部工具栏中的"背景"按钮，如图2-47所示。进入二级工具栏，剪映为用户提供了三种画布样式，如图2-48所示。

图2-47

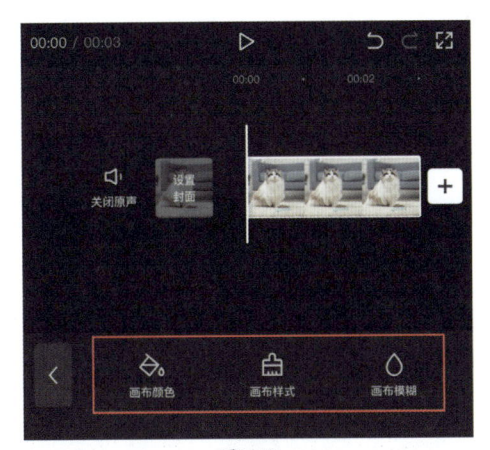

图2-48

选择某一样式后，点击左下角的"全局应用"按钮■，将选择的画布样式应用至所有素材，设置好效果后，点击右下角的"确认"按钮■，保存设置，如图2-49所示。

图2-49

2.4.2 调整画幅比例

画幅比例是用来描述画面宽度与高度关系的一组对比数值。合适的画幅比例不但可以为观众带来更好的视觉体验，还可以改善构图，将信息准确地传递给观众，从而与观众建立更好的连接。

剪映为用户提供了多种画幅比例，用户可以根据自身的视觉习惯和画面内容进行选择。在未选中任何素材的状态下，点击底部工具栏中的"比例"

按钮■，如图2-50所示。打开比例选项栏，在这里可以看到多种比例选项，如图2-51所示。

图2-50

图2-51

常见的视频比例有9∶16（竖屏视频）、16∶9（横屏视频）、1∶1、4∶3等，用户在选择画幅比例时可以根据自身需求，应用合适的画幅比例。

> **提示**
>
> 不同的画幅比例能够为视频带来不同的效果，例如1∶1的画幅比例可以营造出稳定平衡的感觉，让画面更具凝聚力；16∶9的画幅比例比起其他的画幅比例能够为观众提供更广阔的视野和更大的画面空间，代入感更强。

2.4.3 旋转视频画面

在剪辑的过程中，利用旋转能够打造特殊的视频画面效果，例如唯美的天空之境。

选中时间轴区域的素材，点击二级工具栏中的"编辑"按钮■，如图2-52所示。进入编辑选项栏后，点击"旋转"按钮■，如图2-53所示。

> 提示
>
> 使用旋转调整的画面不会改变大小。

2.4.4 裁剪视频画面

合理地使用剪映中的"裁剪"功能,能够裁剪画面,实现画面的二次构图。

选中时间轴区域的素材,点击"编辑"按钮,如图2-55所示。展开编辑选项栏后,点击"调整大小"按钮,如图2-56所示。

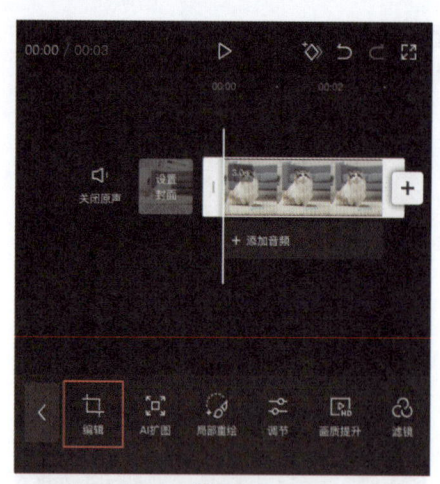

图2-52

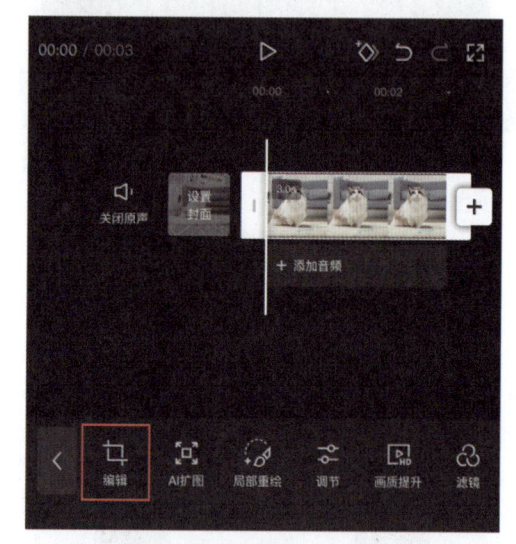

图2-55

图2-53

点击"旋转"按钮一次,画面就会顺时针旋转一次,如图2-54所示。

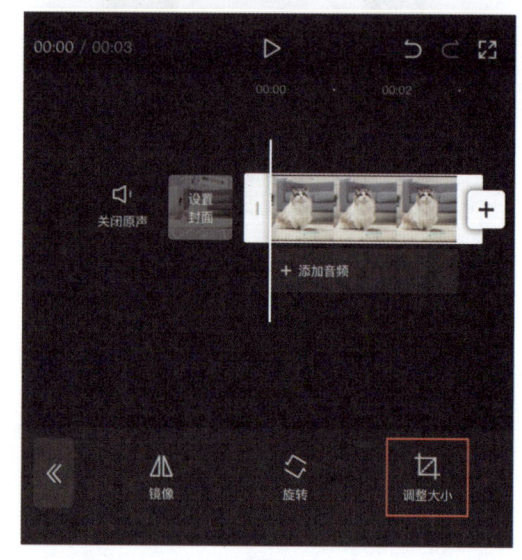

图2-56

调整大小界面如图2-57所示。与调整画幅比例一样,剪映也提供了常见的比例,便于用户选择。选择了某一比例后,剪映会自动裁剪画面。用户可以移动素材调整裁剪范围,如图2-58所示。

图2-54

图2-57　　　　　　图2-58

完成裁剪后，视频画面也出现了相应的变化，如图2-59和图2-60所示。

图2-59

图2-60

2.4.5　调整画面镜像

除了旋转和裁剪，剪映也可以自动对视频画面进行镜像处理。

选中时间轴区域的素材，点击二级工具栏中的"编辑"按钮，如图2-61所示。展开编辑选项栏后，点击"镜像"按钮，如图2-62所示。

图2-61

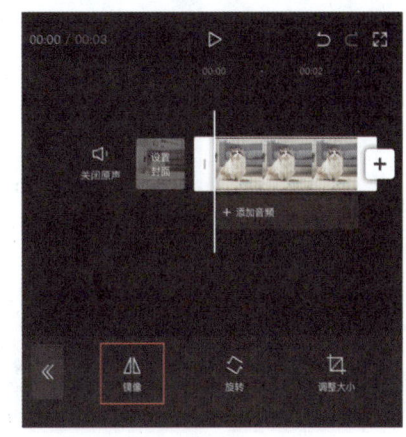

图2-62

剪映会对素材进行镜像处理，如图2-63所示。

图2-63

2.5 应用案例：制作毕业纪念相册

本节将结合前面所学知识，使用剪映App中的添加本地素材、添加素材库中的素材和分割功能制作一本毕业纪念相册。下面介绍详细的制作过程。

STEP 01 打开剪映App，点击"开始创作"按钮，在本地相册中选择11张图片素材，如图2-64所示。导入选中的素材至剪辑草稿，如图2-65所示。

图2-64　　图2-65

STEP 02 在不选中任何素材的情况下，点击底部工具栏中的"模板"按钮，如图2-66所示。展开模板选项栏后，选择"素材包"选项，在"片头"分类下选择合适的片头效果，如图2-67所示。

图2-66

图2-67

STEP 03 添加片头效果后，时间轴区域会出现一段可调整的素材，如图2-68所示。在预览窗口中双击标题所处位置，即可修改标题内容，修改大标题内容为"GRADUATION ALBUM"、小标题内容为"Summer"，如图2-69所示。

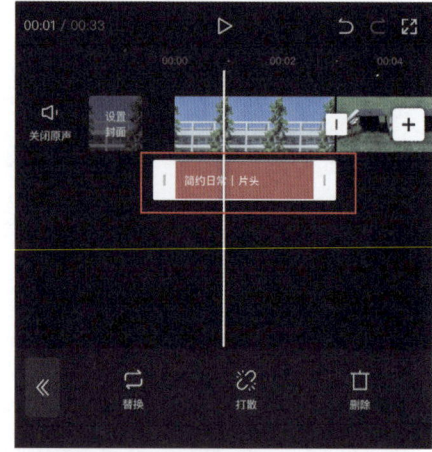

图2-68

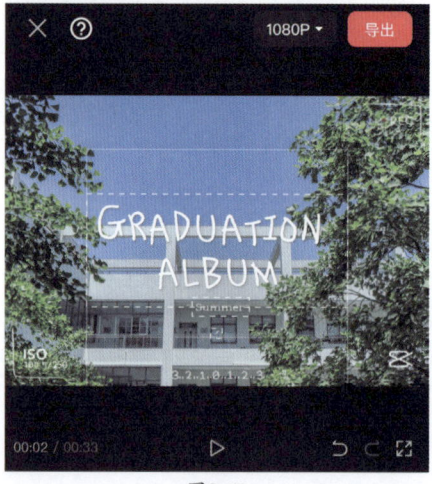

图2-69

STEP 04 移动时间线至视频开始处，点击底部工具栏中的"音频"按钮♪，展开音频选项栏后点击"音乐"按钮♪，如图2-70所示。进入剪映音乐库，在"轻快"分类下选择合适的背景音乐，如图2-71所示。

图2-70

图2-71

STEP 05 选择合适的背景音乐后，添加至时间轴区域，如图2-72所示。移动时间线至视频结束处，选中音频素材，点击"分割"按钮Ⅱ，如图2-73所示。

图2-72

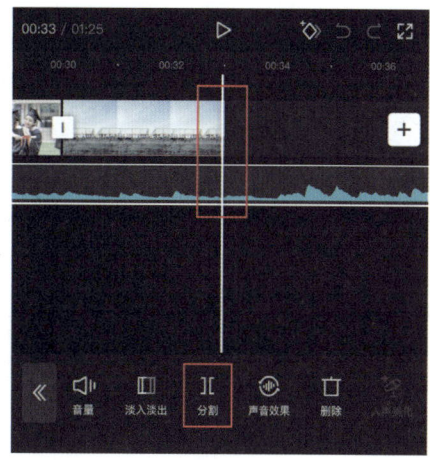

图2-73

STEP 06 选中分割后的多余片段，点击"删除"按钮🗑，如图2-74所示。删除分割后的多余片段，如图2-75所示。

图2-74

图2-75

STEP 07 完成操作后，预览视频画面效果，如图2-76所示。

图2-76

2.6 应用案例：制作唯美的天空之境效果

本节将结合前面所学知识，使用剪映App中的复制、画中画和添加素材功能制作唯美的天空之境效果。下面介绍详细的制作过程。

STEP 01 打开剪映App，点击"开始创作"按钮，导入"天空.mp4"视频素材至剪辑草稿，如图2-77所示。

图2-77

STEP 02 选中素材，点击"复制"按钮，如图2-78所示。选中复制后的素材，点击"切画中画"按钮，将该素材切换至画中画轨道，并适当调整位置，如图2-79所示。

图2-78

图2-79

STEP 03 选中画中画轨道的素材，在预览窗口中调整素材位置，如图2-80所示。选中主轨道的素材，在预览窗口中调整素材位置，如图2-81所示。

图2-80　　　　图2-81

STEP 04 选中画中画轨道的素材，点击"蒙版"按钮◎，如图2-82所示。展开蒙版选项栏，选择"线性"蒙版选项，如图2-83所示。

图2-82

图2-83

STEP 05 再次点击"线性"蒙版选项，调整该蒙版的旋转角度、所处位置和羽化值，如图2-84~图2-86所示。

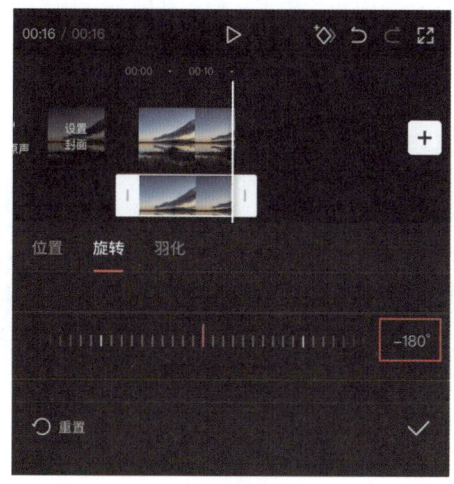

图2-84

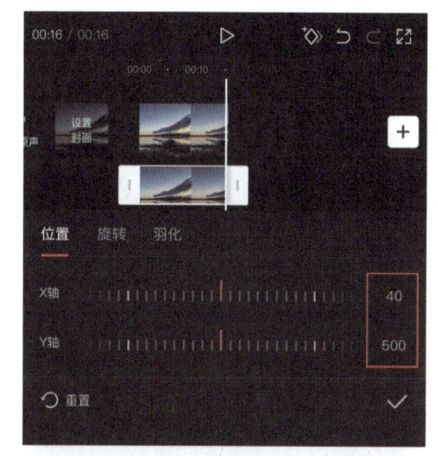

图2-85

图2-86

STEP 06 选中主轨道的素材，点击"编辑"按钮■，展开编辑选项栏，点击两次"旋转"按钮◎，将素材画面进行旋转操作，如图2-87所示。点击"镜像"按钮▲，对素材进行镜像操作，并适当调整素材位置，如图2-88所示。

图2-87

图2-88

STEP 07 移动时间线至视频开始处，点击"音频"按钮，点击"音乐"按钮，如图2-89所示。进入剪映音乐库，在"舒缓"分类下找到合适的背景音乐，如图2-90所示。

图2-89

图2-90

STEP 08 添加背景音乐之后，移动时间线至视频素材结束处，选中刚刚添加的音乐素材，点击"分割"按钮，如图2-91所示。选中分割后的多余片段，点击"删除"按钮，删除分割后的多余片段，如图2-92所示。

图2-91

图2-92

STEP 09 完成操作后，预览视频画面效果，如图2-93所示。

图2-93

2.7 拓展练习：制作曲线变速效果

结合前面所学知识，使用剪映专业版中的曲线变速功能，制作一个曲线变速效果视频，如图2-94所示。

图2-94

第 3 章
AI 玩法——视频特效的应用

随着互联网的全面普及和科技的不断发展，AI技术走进了人们的视野中，并成为了当下互联网的热点。剪映也不甘落后，根据用户需求，不断推出AI相关的功能，应用在视频剪辑中，能够为视频剪辑带来与传统剪辑完全不一样的画面效果。

3.1 AI 玩法概述

在AI+功能大趋势下，剪映也开启了升级模式。通过内置AI功能，进一步降低AIGC门槛，让用户能轻松制作出更多视频效果，让视频画面展现不一样的质感。

剪映作为一款深受用户喜爱的短视频编辑软件，最新推出的AI玩法功能令人瞩目，包含多种创新元素，如画面特效、人物特效和画面玩法，这些功能极大地提升了视频创作的便捷性和趣味性。画面特效通过智能算法分析视频内容，添加炫酷的视觉效果，使普通的视频画面瞬间变得生动有趣，如图3-1所示。

图3-1

人物特效则能识别画面中的人物，并为人物手部或全身添加各种特效，使画面更加引人注目。剪映的手部特效如图3-2所示。AI玩法让用户能够轻松地通过简单操作实现一些特效和场景转换，进一步降低创作门槛。

图3-2

剪映的AI功能不仅让视频制作变得更加简单高效，也为用户提供了丰富的创作灵感和无限的可能。

3.2 视频特效的使用

经常看短视频的人会发现，很多热门的短视频中都添加了一些好看的特效，这些特效不仅丰富了短视频的画面元素，也让短视频变得更加炫酷。本节将介绍剪映中视频特效的使用方法，帮助用户制作出画面更加丰富的短视频。

剪映的特效选项栏提供了4种特效，如图3-3所示，分别为画面特效、人物特效、图片玩法和AI特效。

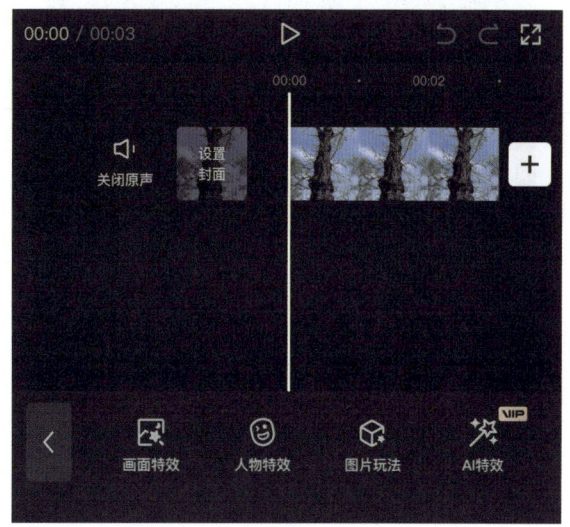

图3-3

3.2.1 画面特效

剪映为广大视频爱好者提供了丰富且酷炫的画面特效，能够帮助用户轻松实现开幕、闭幕、模糊、纹理、炫光、分屏、下雨、浓雾等视觉效果。只要用户具备足够的创意和创作热情，灵活运用这些视频特效，就可以轻松制作出画面酷炫且富有吸引力的短视频。

在剪映中添加画面特效的方法非常简单，创

建剪辑草稿并添加视频素材后,移动时间线至需要添加特效的位置,在未选中素材的状态下,点击底部工具栏中的"特效"按钮,即可展开特效选项栏,点击"画面特效"按钮,如图3-4所示,即可进入画面特效选项栏,如图3-5所示。

绕、手部等,灵活使用人物特效同样能打造出富有创意且具有吸引力的短视频。

在剪映中添加素材后,点击底部工具栏中的"特效"按钮,展开特效选项栏,点击"人物特效"按钮,如图3-6所示,展开人物特效选项栏,如图3-7所示。展开人物特效选项栏后剪映会提示"对带有清晰人物的视频或图片添加[人物特效],效果最佳",能够获得更好的画面效果。

图3-4

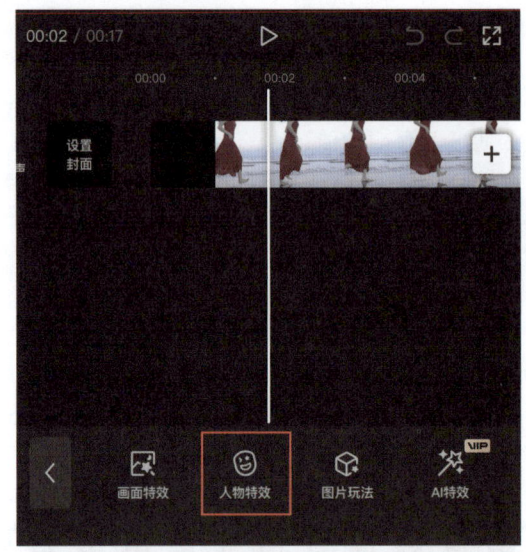

图3-6

图3-5

画面特效仅作用于视频画面整体,不能作用于局部。

剪映对画面特效进行了分类,用户可以根据自身需求,选择不同的分类,在分类中找到适合视频画面的特效效果,并将其应用至视频中。

3.2.2 人物特效

人物特效与画面特效的作用对象不同,人物特效会自动作用于画面中的人物,并产生追踪作用。剪映中的人物特效种类繁多,如情绪、身体、环

图3-7

3.2.3 图片玩法

剪映中的图片玩法不同于画面特效和人物特效,画面特效、人物特效能够作用于视频素材,但图片玩法只能作用于图片素材。虽然在素材应用上

有所局限，但图片玩法依然是剪映中好用的功能。

在剪映中添加素材后，点击底部工具栏中的"特效"按钮，展开特效选项栏，点击"图片玩法"按钮，如图3-8所示，展开图片玩法选项栏，如图3-9所示。如果当前素材是视频素材，在选择特效效果后，剪映会提示"当前玩法仅支持图片素材，请换个素材吧"。

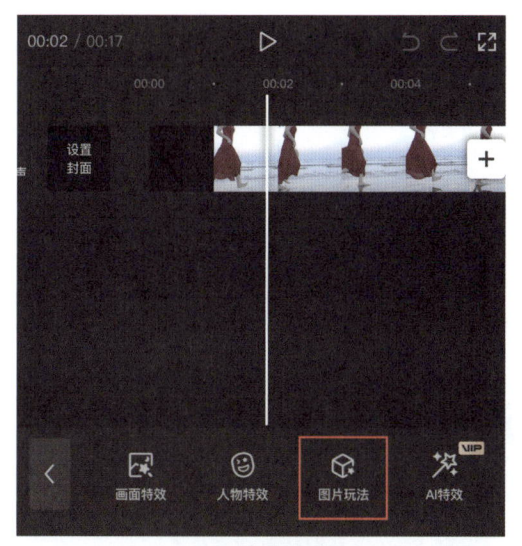

图3-8

图3-9

> **提示**
> 如果用户一定要对视频素材使用图片玩法功能，可以将时间线移动至需要使用该功能的位置，使用定格功能在时间轴区域生成一段定格素材。因为定格素材本身是图片，所以图片玩法功能可以使用。

3.2.4 AI特效

AI作为时代热点，各大视频剪辑工具都在推出AI相关的功能。剪映依靠大数据推出的AI玩法功能，能够分析素材画面，然后根据素材画面生成不同的效果。

在剪映中创建剪辑草稿，导入素材后，点击底部工具栏中"特效"按钮，展开特效选项栏，点击"AI特效"按钮，如图3-10所示，展开AI特效选项栏，如图3-11所示。

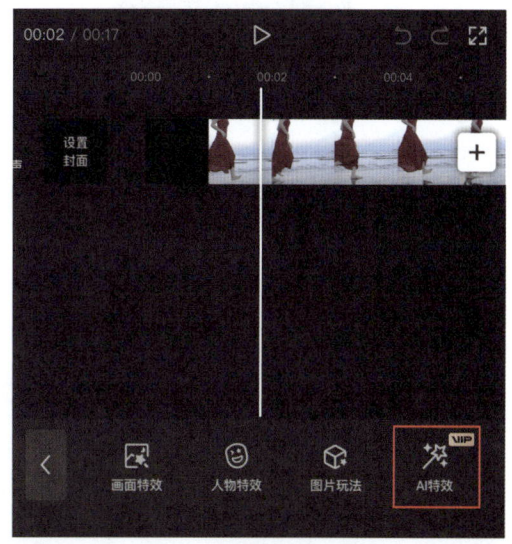

图3-10

图3-11

> **提示**
> AI特效功能仅能对时长为10s以下的素材使用。

3.3 常用的视频特效

剪映中的特效效果众多,但常用的只有几种。本节将介绍常用的视频特效效果,帮助用户快速找到适合的视频特效效果。

3.3.1 自然特效

在画面特效选项栏中的"自然"分类下,可以选择烟花、闪电、爆炸、花瓣飘落、浓雾、落叶、下雨等特殊效果。这类效果可以在画面中制造飞花、落叶、烟花、星空等修饰元素,也能制造下雪、浓雾、闪电、下雨等天气因素。图3-12所示为"自然"特效分类下的"花瓣环绕"效果。

图3-12

> **提示**
>
> 添加特效后,如果切换至其他轨道进行编辑,特效轨道将被隐藏。如果需要再次对特效进行编辑,点击界面下方的"特效"按钮即可。

3.3.2 氛围特效

在画面特效选项栏中,可以选择夏日泡泡、萤火、彩色碎片、流星雨、彩带、星火、樱花朵朵等特效。这类效果可以在画面中制造流星、彩带、烟花等修饰元素,烘托视频氛围。图3-13所示为"氛围"分类下的"蝴蝶冲屏"效果。

图3-13

3.3.3 边框特效

在画面特效选项栏中的"边框"分类下,可以选择播放器、视频界面、荧光边框、电视边框、手账边框、报纸、取景框、胶片等特殊效果,为画面添加一些趣味性十足的边框特效。图3-14所示为"边框"分类下的"播放器"效果。

图3-14

3.3.4 漫画特效

在画面特效选项栏中的"漫画"分类下,可以选择三格漫画、冲刺、电光旋涡、黑白漫画、复古漫画等特殊效果。在剪辑项目中应用这类效果,并添加相应的字幕素材,可以制作出一些漫画感十足的视频效果,让短视频充满趣味性。图3-15所示为"漫画特效"分类下的"卡通渲染"效果。

图3-15

3.3.5 身体特效

在人物特效选项栏中的"身体"分类下,可以选择碎闪边缘、彩虹边缘、幻彩流光、电光描边、电光灼烧等特殊效果。在剪辑项目中应用这类效果,并添加适当的滤镜效果,能够打造出酷炫的视频效果,让短视频充满趣味性。图3-16所示为"身体"分类下的"妖气"效果。

图3-16

3.3.6 克隆特效

在人物特效选项栏中的"克隆"分类下,可以选择碎片分身、分身、发光分身、漩涡溶解、旋转分身等特殊效果。在剪辑项目中应用这类效果,可以制作出一些具有科技感的视频效果,让短视频画面表现更好。图3-17所示为"克隆"分类下的"漩涡溶解"效果。

图3-17

3.4 应用案例:二段式 AI 变身视频

变身视频是抖音的热门短视频之一。本节将结合前面所学知识,使用剪映App中的AI特效功能制作一个二段式变身视频。

STEP 01 打开剪映App，创建一个剪辑草稿，导入一段"美女.mp4"视频素材至剪辑草稿，如图3-18所示。

图3-18

STEP 02 移动时间线至00:02位置，选中时间轴区域的素材，点击"分割"按钮，如图3-19所示。完成分割后如图3-20所示。

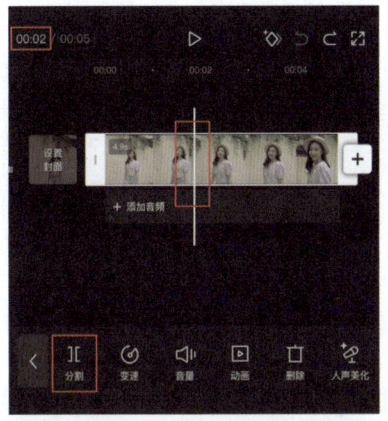

图3-19

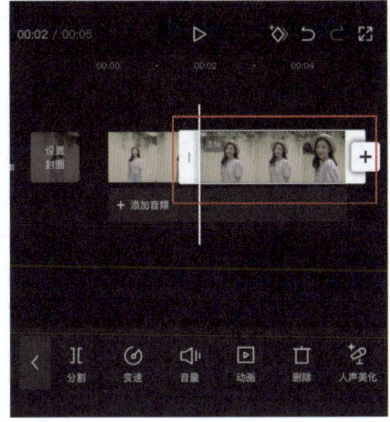

图3-20

STEP 03 选中分割后时间轴区域内时长较短的视频素材，点击二级工具栏中的"特效"按钮，如图3-21所示。展开特效选项栏后点击"画面特效"按钮，展开画面特效选项栏，在"漫画"分类下选择"告白氛围"画面特效，添加到素材上，如图3-22所示。

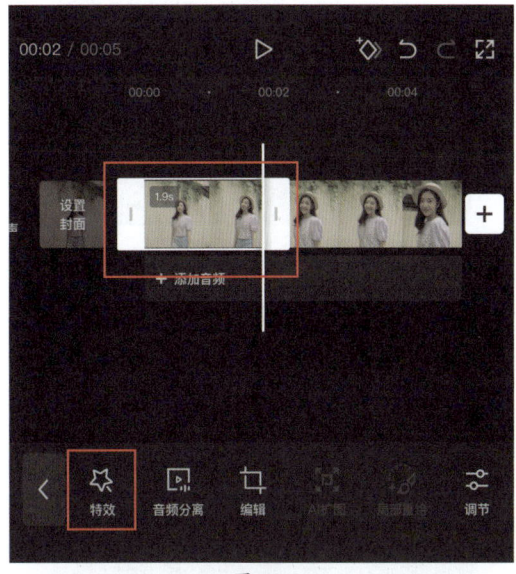

图3-21

图3-22

STEP 04 选中时间轴区域时长较长的视频素材，点击二级工具栏中的"特效"按钮，如图3-23所示。展开特效选项栏后，点击"抖音玩法"按钮，展开抖音玩法选项栏，在"视频玩法"分类下选择"丝滑变速"玩法，添加到素材上，如图3-24所示。

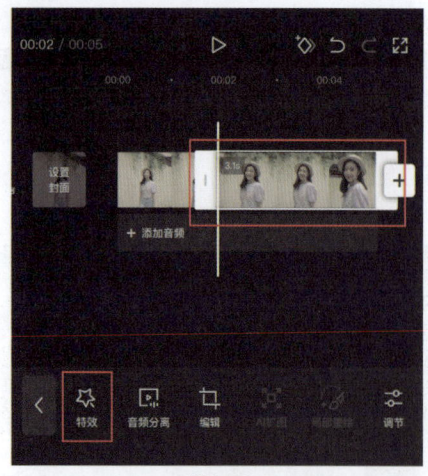

图3-23

图3-24

STEP 05 返回底部工具栏，点击两段素材衔接处的白色小方块，如图3-25所示。展开转场选项栏，在"光效"分类下选择"白光快闪"转场效果，添加到素材衔接处，如图3-26所示。

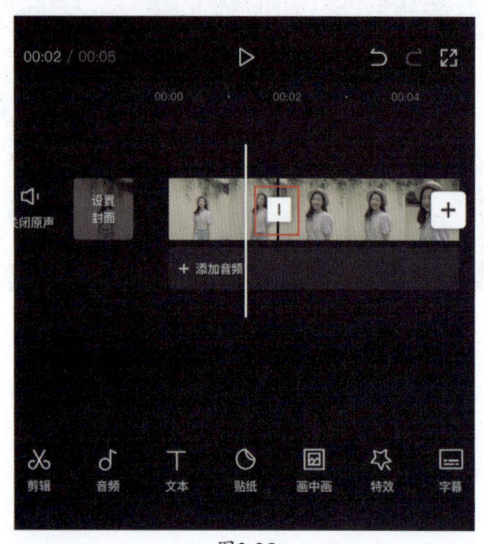

图3-25

图3-26

STEP 06 点击底部工具栏中"特效"按钮，如图3-27所示。展开特效选项栏后，点击"画面特效"按钮，如图3-28所示。

图3-27

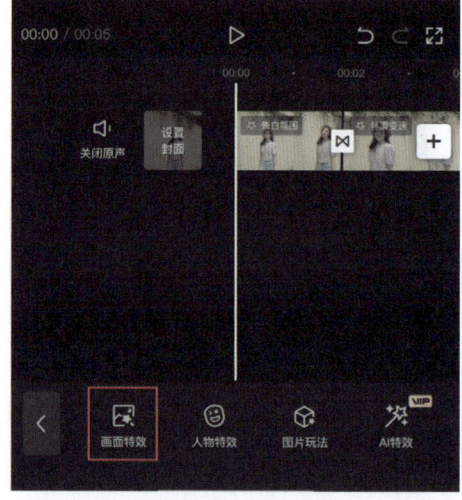

图3-28

STEP 07 在画面特效选项栏的"漫画"分类下,选择"卡通渲染"特效,添加至时间轴区域,如图3-29所示。在时间轴区域内,调整刚刚添加的特效时长与第一段视频素材时长一致,如图3-30所示。

图3-29

图3-30

STEP 08 再次点击"画面特效"按钮,如图3-31所示。在"光"分类下选择"柔光"画面特效,如图3-32所示。添加至时间轴区域后调整特效时长与第二段视频素材一致。

图3-31

图3-32

STEP 09 移动时间线至视频素材开始处,点击底部工具栏中的"音频"按钮,点击"音乐"按钮,如图3-33所示。进入剪映音乐库,在剪映音乐库的"纯音乐"分类下找到合适的背景音乐,添加至时间轴区域,如图3-34所示。

图3-33

图3-34

STEP 10 选中刚刚添加的音乐，移动时间线至视频素材结束处，点击"分割"按钮 ∥，如图3-35所示。删除分割后多余的音频片段，如图3-36所示。

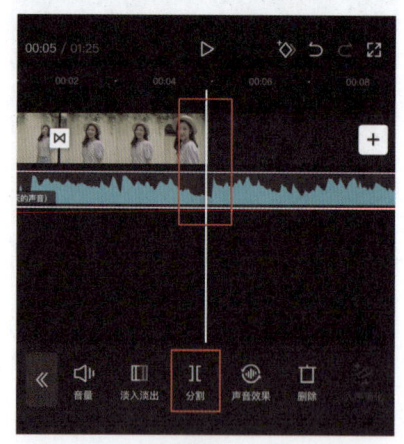

图3-35

图3-36

STEP 11 完成操作后，预览视频画面效果，如图3-37所示。

图3-37

> **提示**
> 剪映中许多特效效果都使用了AI技术，才能根据画面中的人物轮廓进行计算，从而添加不一样的效果。剪映中相关功能使用的AI仍有欠缺，制作出来的效果不够理想，用户在使用时需要根据自身需求进行调整，以便达到更好的视频效果。

3.5 应用案例：制作 AI 分屏漫画

使用剪映App中的特效功能可以简单快速地制作一个AI分屏漫画视频，不再需要像其他剪辑软件那样通过画中画功能来制作。本节结合前面所学知识，使用剪映App制作AI分屏漫画效果。下面介绍详细的制作方法。

STEP 01 打开剪映App，创建一个剪辑草稿，导入一段"少女.mp4"视频素材，如图3-38所示。选中时间轴区域的视频素材，在预览界面中调整素材大小，并移动素材位置，使人物居于画面中央，如图3-39所示。

图3-38   图3-39

STEP 02 返回底部工具栏，在不选中任何素材的情况下点击"特效"按钮 ❀，展开特效选项栏后点击"画面特效"按钮 ❀，如图3-40所示。在画面特效选项栏的"漫画"分类下，找到合适的特效，添加到时间轴区域，如图3-41所示，并调整特效时长与视频素材时长一致。

图3-40

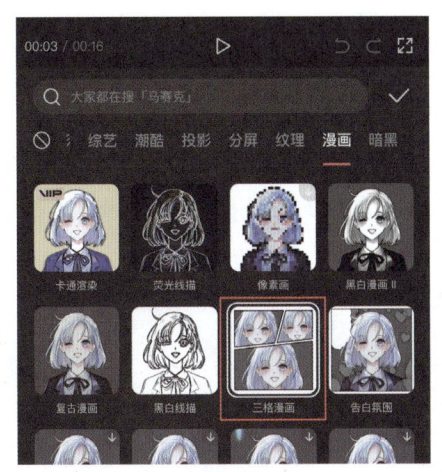

图3-41

STEP 03 选中时间轴区域的素材,点击"特效"按钮,点击"画面特效"按钮,如图3-42所示。在画面特效选项栏的"漫画"分类中,选择"复古漫画"特效,将其添加至素材,如图3-43所示。点击"复古漫画"的"调节"按钮,调整"滤镜强度"为50。

图3-42

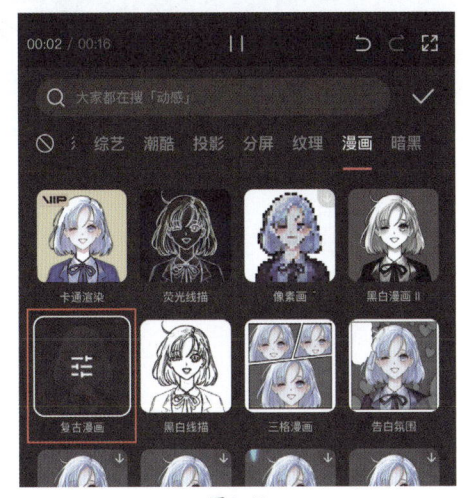

图3-43

STEP 04 返回底部工具栏,点击"音频"按钮,展开音频选项栏后点击"音乐"按钮,如图3-44所示。进入剪映音乐库,在"旅行"分类下选择合适的背景音乐,如图3-45所示。

图3-44

图3-45

STEP 05 添加音乐至时间轴区域,如图3-46所示。移动时间线至视频素材结束处,选中音频素材,点击"分割"按钮,删除分割后多余的音频片段,使音频素材时长与视频素材时长保持一致,如图3-47所示。

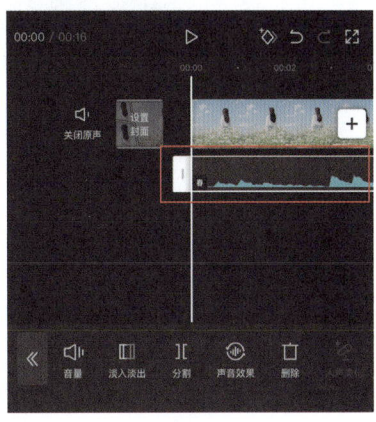

图3-46

图3-47

STEP 06 完成操作后，预览视频画面效果，如图3-48所示。

图3-48

3.6　拓展练习：漫画人物出场效果

漫画人物出场效果非常好看，请读者结合前面所学知识，使用剪映App制作一个漫画人物出场效果视频，效果如图3-49所示。

图3-49

3.7　拓展练习：制作季节变换效果

使用剪映中的特效功能可以很快地制作出夏天变秋天效果，并且能够实现较为自然的季节转换效果。请读者结合前面所学知识，使用剪映App制作季节变换效果视频，如图3-50和图3-51所示。

图3-50

图3-51

第 4 章
Vlog 短片——制作丝滑转场效果

在各种短视频，尤其是Vlog短片中，转场非常重要，它发挥着划分层次、连接场景、转换时空和承上启下的作用。合理使用转场手法和技巧既能满足观众的视觉需求，保证其视觉的连贯性，又能产生明确的段落变化和层次分明的效果。本章介绍Vlog定义、转场的技巧和剪映中的转场特效使用方法，使读者对转场的理解更为透彻，在制作转场效果时更加熟练。

4.1 Vlog 概述

Vlog（Video Blog）是一种通过视频形式记录和分享个人生活、见解和经验的博客形式。Vlog的内容通常包括日常生活的点滴、旅行经历、美食体验、个人见解等，通过视频的形式展现给观众。Vlog的形式灵活多样，可以是单人讲述、游记分享、美食评测、情感倾诉等，吸引了大量的观众群体。

根据视频内容可以将常见的Vlog类型分为生活记录类和旅拍类。

4.1.1 生活记录类

生活记录类Vlog是以记录个人日常生活为主要内容的视频博客。这类Vlog的特点是贴近生活、内容真实性强，通常由Vlog作者自己拍摄并讲述。生活记录类Vlog通常包括日常生活琐事、情感倾诉、个人见解等内容，旨在展示真实、生动的生活场景。例如新婚夫妻搬家Vlog，如图4-1所示，让观众更好地了解Vlog作者的生活状态和思想感情。这类Vlog通常具有强烈的个人化特色，观众更容易与Vlog作者产生共鸣和情感连接。

图4-1

生活记录类Vlog不仅记录生活中的点滴细节，还包含作者的情感、思考和感悟，让观众更好地了解Vlog作者的内心世界，情感表达丰富。同时因为拍摄的是个人生活，所以在Vlog中个人化特色明显。每个人的生活都有独特之处，生活记录类Vlog展示了作者独特的生活方式和观念。例如在拍摄家庭生活的Vlog中，展示的就是创作者家庭生活方式，如图4-2所示。正是因为这种独特，才能够吸引观众，最后变成自己的粉丝。

图4-2

追求美好生活是每个普通人心底最诚挚的愿望，Vlog则能够记录下美好。观众在观看Vlog时，能够引起心灵、情感上的共鸣，如图4-3所示。

图4-3

4.1.2 旅拍类

旅拍类Vlog作为一种独特的内容创作形式，凭借其丰富多样的场景、强大的视觉吸引力和深度的文化体验，受到广大观众的喜爱和追捧。这类Vlog不仅展示世界各地的美丽风景和独特文化，还通过旅行者的个人体验分享，带给观众身临其境的感受和实用的旅行建议，如图4-4所示。

图4-4

首先，旅拍类Vlog以其多样的场景和高质量的画面赢得了观众的青睐。通过无人机航拍和4K视频等先进的拍摄技术，这类Vlog能够生动地呈现自然风光，如图4-5所示，还有城市景观和历史遗迹，使观众仿佛置身于其中。这样的视觉冲击力不仅让观众感受到旅行的美好，也激发了他们的旅行欲望。

图4-5

其次，旅拍类Vlog通过深入介绍旅行目的地的历史、文化和风俗，为观众提供丰富的文化体验。观众不仅可以欣赏到各地的美景，还能通过Vlog了解不同地域的文化特色。例如徽派建筑就是安徽的文化特色，如图4-6所示，从而拓宽视野、增长知识。这种文化交流的方式，使得旅拍类Vlog不仅具有娱乐性，也具有一定的教育意义。

图4-6

此外，旅拍类Vlog通过旅行者的个人体验分享，给观众提供实用的旅行建议和灵感。旅行者在Vlog中介绍的旅行路线、住宿选择、美食推荐等信息，对于准备前往同一目的地的观众来说，具有很大的参考价值。同时，旅行者的个人感受和故事，也使得Vlog更具人情味，拉近与观众之间的距离。

最后，旅拍类Vlog具有很强的互动性。Vlog创作者通过与观众的互动，回答他们的问题，分享更多的旅行攻略，形成了良好的观众互动体验，如图4-7所示。这不仅增加了观众的参与感，也有助于建立忠实的观众群体。

图4-7

总之，旅拍类Vlog通过展示世界各地的美景和文化，分享旅行者的个人体验，给观众带来了丰富的视觉和文化享受。随着技术的进步和内容创作水平的提升，这类Vlog将继续发展，吸引更多的旅行爱好者和观众，成为人们了解世界、探索未知的重要途径。

4.2 转场方式

在短视频的后期编辑中，除了需要富有感染力的音乐外，各剪辑点的转场效果也发挥着至关重要的作用。在两个片段之间插入转场可以使短视频衔接更加自然、有趣，以制作出令人赏心悦目的过渡效果，大大增加视频作品的艺术感染力。此外，视频转场的应用还能在一定程度上体现作者的创作思路，使视频作品不至于太过生硬。

在短视频中，上下镜头之间的转场主要分为无技巧转场和技巧转场。

4.2.1 无技巧转场

无技巧转场又称为直接转场，镜头直接相连，在短视频后期编辑中使用较多。使用无技巧转场时，多利用上下镜头在内容、造型上的内在关联来连接场景，使镜头连接、段落过渡自然、流畅，无附加技巧痕迹。在短视频创作中，无技巧转场主要包括以下几种。

1. 切换

切换是运用较多的一种基本镜头转换方式，也是最主要、最常用的镜头组接技巧，即上一画面直接切换至下一画面，例如从图4-8切换至图4-9。

图4-8

图4-9

2. 运动转场

运动转场是借助人、动物或其他一些交通工具作为场景或时空转换的手段，例如汽车从眼前驶过，镜头跟踪汽车，如图4-10所示，利用镜头的运动制造动感，从而在汽车驶过后快速转换到下一画

面。这种转场方式大多强调前后段落的内在关联性，可以通过摄像机运动来完成地点的转换，也可以通过前后镜头中人物、交通工具动作的相似性来转换场景。

图4-10

3. 相似关联物转场

相似关联物转场是前后镜头具有相同或相似的被摄主体形象，或者其中的被摄主体形状相似、位置重合，在运动方向、速度、色彩等方面具有相似性。例如利用画面中都存在蔷薇花来进行转场，如图4-11和图4-12所示，形成视觉上的关联。摄像师可以采用这种转场方式来达到视觉连续、转场顺畅的目的。

图4-11

图4-12

4. 特写转场

特写转场是无论前一个镜头是什么，后一个镜头都可以是特写镜头。例如图4-12的镜头结束后，

接上图4-13所示的特写镜头。特写镜头具有强调画面细节的特点,可以暂时集中观众的注意力。利用特写转场可以在一定程度上弱化时空或段落转换过程中观众的视觉跳动。

图4-13

5. 空镜头转场

空镜头转场是利用景物镜头来进行过渡,实现间隔转场。景物镜头主要包括两类:一类是以景为主、物为陪衬,如群山、山村全景、田野、天空等镜头。用这类镜头转场既可以展示不同的地理环境、景物风貌,又能表现时间和季节的变化。景物镜头可以弥补叙述性短视频在情绪表达上的不足,为情绪表达提供空间,同时又能使高潮情绪得以缓和、平息,从而转入下一段落。另一类是以物为主、景为陪衬的镜头。例如,在镜头中飞驰而过的火车、街道上的汽车,以及室内陈设、建筑雕塑等各类静物镜头,一般情况下,摄像师会选择这些镜头作为转场的镜头。

例如图4-14和图4-15所示的两个画面中要使用空镜头转场,创作者可以怎样去使用空镜头呢?

图4-14

图4-15

无技巧转场方式之间可以结合使用,例如使用空镜头作为转场镜头的同时又选择具有相似关联物的镜头,可以在图4-14和图4-15之间使用图4-16所示的空镜头作为转场镜头。

图4-16

6. 主观镜头转场

主观镜头转场是一种电影或视频制作技术,通过一种特殊的剪辑方式,将一个镜头中的主观视角(即观察者或角色的视角)与下一个镜头中的主观视角相连接,以达到画面过渡的效果。例如一名女性在窗边抬头微笑,如图4-17所示,是因为她抬头看到蓝天绿叶,如图4-18所示,心情很好脸上才露出微笑。将这两个画面组接在一起就是主观镜头转场。这种转场方式常用于表现角色内心活动或情感变化,使观众更加沉浸在故事情节中。

图4-17

图4-18

7. 声音转场

声音转场是利用音乐、音响、解说词、对白等与画面的配合实现转场。例如，利用解说词承上启下、贯穿前后镜头；利用声音过渡的和谐性，自然转换到下一镜头。

8. 遮挡镜头转场

遮挡镜头转场是镜头被某个形象暂时遮挡。依据遮挡方式不同，遮挡镜头转场可以分为两类情形：一类是被摄主体迎面而来遮挡摄像机镜头，形成暂时的黑色画面。例如，前一镜头在甲地点的被摄主体迎面而来遮挡摄像机镜头，下一镜头被摄主体背朝摄像机镜头而去，到达乙地。被摄主体遮挡摄像机镜头通常能够在视觉上给观众以较强的视觉冲击，同时制造视觉悬念，加快短视频的叙事节奏。另一类是画面内前景暂时遮挡住画面内的其他形象，成为覆盖画面的唯一形象。例如，拍摄旅拍类Vlog时，前一镜头中的火车（图4-19所示）会在某一时刻遮挡住其他形象或是形成黑场。

图4-19

当画面形象被遮挡时，一般都是镜头切换点，在遮挡后就可以接上下一画面，如图4-20所示，表示抵达目的地，已经下车。通常使用遮挡镜头转场是为了表示时间、地点的变化。

图4-20

4.2.2 技巧转场

技巧转场是一种分割的镜头转换，包括渐隐/渐显、叠入/叠出、划入/划出、甩切、虚实转换等转场方式。这类转场主要是通过设计某种效果来实现的，具有明显的过渡痕迹。在短视频创作中，技巧转场主要有以下几种。

1. 渐隐/渐显

渐隐/渐显转场方式又称淡入/淡出，渐隐是画面由正常逐渐转暗，直到完全消失；渐显是画面由全黑中逐渐显露出来，直到画面清晰明亮，如图4-21~图4-23所示。

图4-21

图4-22

图4-23

2. 叠入/叠出

叠入/叠出转场方式又称化入/化出，由前一镜头的结束与后一镜头的开始叠在一起，镜头由清楚到重叠模糊再到清楚，两个镜头的连接融合渐变，给观众以连贯的流畅感，如图4-24~图4-26所示。

图4-24

图4-25

图4-26

3. 划入/划出

划入/划出转场方式是前一镜头从某一方向退出，下一镜头从另一方向进入，图4-27所示为向左划出，图4-28所示为向上划入。

图4-27

图4-28

4. 甩切

甩切转场方式是一种快闪转换镜头，让观众视线跟随快速闪动的画面转移到另一个画面。在甩切时，画面中呈现出模糊不清的流线，如图4-29所示，并立即切换到另一个画面，这种转场方式会给观众一种不稳定感。

图4-29

5. 虚实结合

虚实结合转场方式是利用对焦点的选择，使画面中的人物发生清晰与模糊的前后交替变化，形成人物前后虚实或前虚后实的互衬效果，使观众的注意力集中到焦点清晰而突出的形象上，从而实现镜头的转换。也可以是整个画面由实变虚，如图4-30~图4-32所示，或者由虚变实。前者一般用于段落结束，后者一般用于段落开始。

图4-30

图4-31

图4-32

6. 定格

定格又称为静帧,是对前一段的结尾画面做静态处理,使观众产生瞬间的视觉停顿。定格具有强调作用,是影片中常用的一种特殊转场方式。

7. 多屏画面

多屏画面转场方式是把一个屏幕分为多个屏幕,可以使双重或多重的短视频同时播放,大大地压缩短视频的时长。例如在打电话场景中,将屏幕一分为二,电话两边的人都显示在屏幕中,打完电话后,打电话人的镜头没有了,只剩下接电话人的镜头。

4.3 剪映自带的转场效果

剪映中拥有多种转场效果,并且对转场效果进行了分类,例如运镜、光效、分割、综艺、幻灯片和MG动画等。本节将对剪映中常用的转场效果进行介绍,并使用转场效果制作视频。

4.3.1 运镜转场

运镜转场包含推近、拉远、顺时针旋转、逆时针旋转等转场效果,这一类转场效果在切换过程中,会产生回弹感和运动模糊效果。图4-33~图4-35所示为运镜转场中"推近"效果的展示。

图4-33

图4-34

图4-35

4.3.2 幻灯片转场

幻灯片转场包含翻页、立方体、倒影、百叶窗、风车、万花筒等转场效果,这一类转场效果主要是通过一些简单的画面运动和图形变化实现两个画面之间的切换。图4-36~图4-38所示为幻灯片转场中"向右擦除"效果的展示。

图4-36

图4-37

图4-38

4.3.3 拍摄转场

拍摄转场包含眨眼、快门、拍摄器、热成像、抽象前景、旧胶片等转场效果，这一类转场效果主要是通过模拟相机拍摄和特殊成像实现两个画面之间的切换。图4-39~图4-41所示为拍摄转场中"拍摄器"效果的展示。

图4-39

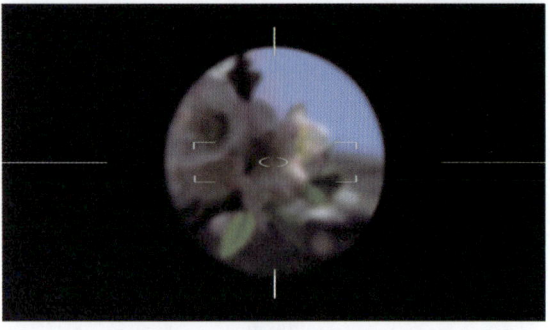

图4-40

图4-41

4.3.4 光效转场

光效转场包含泛白、泛光、炫光等转场效果，这一类转场效果主要是通过光斑光线等炫酷的视觉特效实现两个画面的切换。图4-42~图4-44所示为光效转场中"未来光谱Ⅱ"效果的展示。

图4-42

图4-43

图4-44

4.3.5 扭曲转场

扭曲转场包含漩涡、拉伸、穿越、波动、闪回等转场效果，这一类转场效果主要是通过画面的扭曲实现两个画面之间的切换。图4-45~图4-47所示为扭曲转场中"空间跳跃"效果的展示。

图4-45

图4-46

图4-47

4.3.6 故障转场

故障转场包含色差故障、横线、竖线、色块故障、透镜故障、电视故障等转场效果，这一类转场效果主要是通过模拟机器故障效果和画面抖动实现两个画面之间的切换。图4-48~图4-50所示为故障转场中"故障"效果的展示。

图4-48

图4-49

图4-50

4.3.7 分割转场

分割转场包含分割、圆形分割、方形分割、三屏闪切等转场效果，这一类转场效果主要是通过画面的分割组合实现两个画面之间的切换。图4-51~图4-53所示为分割转场中"竖向分割"效果的展示。

图4-51

图4-52

图4-53

4.3.8 自然转场

自然转场包含冰雪结晶、白色烟雾、燃烧等转场效果，这一类转场效果主要是通过自然界中的一些现象实现两个画面之间的切换。图4-54~图4-56所示为自然转场中"冰雪结晶"效果的展示。

图4-54

图4-55

图4-56

4.3.9 MG 动画转场

MG动画是一种包括文本、图形信息、配音配乐等内容，以简洁有趣的方式描述相对复杂概念的艺术表现形式，是一种能有效与受众交流的信息传播方式。在MG动画制作中，场景之间转换的过程就是"转场"。MG动画转场可以使视频更流畅自然，视觉效果更富有吸引力，从而加深受众的印象。图4-57~图4-59所示为MG动画转场中"向下流动"效果的展示。

图4-57

图4-58

图4-59

4.3.10 互动 emoji 转场

互动emoji转场包含摄像机、开心、生气、闹钟、小喇叭、爆米花等转场效果，这一类转场效果主要是通过emoji快速滑动实现两个画面之间的切换。图4-60~图4-62所示为互动emoji转场中"开心"效果的展示。

图4-60

图4-61

图4-62

4.3.11 综艺转场

综艺转场包含打板转场、弹幕转场、气泡转场、冲鸭等转场效果，这一类转场效果主要是通过一些简单的画面运动和图形变化实现两个画面之间的切换。图4-63~图4-65所示为综艺转场中"纸团"效果的展示。

图4-63

图4-64

图4-65

4.4 应用案例：夏日居家 Vlog

炎炎夏日，大家都不想出门，只想宅在家里，但在阳光强烈的自然条件下能够拍摄到不错的视频素材。本节将使用剪映专业版中的转场功能，制作一个夏日居家Vlog视频。下面介绍详细的制作过程。

STEP 01 导入"夏天1.mp4"~"夏天8.mp4"视频素材至剪映专业版，并添加"夏天1.mp4"视频素材至时间轴区域，如图4-66所示。

图4-66

STEP 02 移动时间线至00:03:05位置，选中"夏天1.mp4"视频素材，单击常用工具栏中的"向右裁剪"按钮，裁掉多余的视频片段，让视频素材时长缩短，便于把握视频节奏，如图4-67所示。

图4-67

STEP 03 添加"夏天2.mp4"视频素材至时间轴区域，选中"夏天2.mp4"视频素材，移动时间线至00:07:55位置，单击常用工具栏中的"向右裁剪"按钮，裁掉多余片段，如图4-68所示。

图4-68

STEP 04 添加"夏天3.mp4"视频素材至时间轴区域，选中"夏天3.mp4"视频素材，移动时间线至00:10:35位置，单击常用工具栏里的"向右裁剪"按钮，裁掉多余的片段，如图4-69所示。

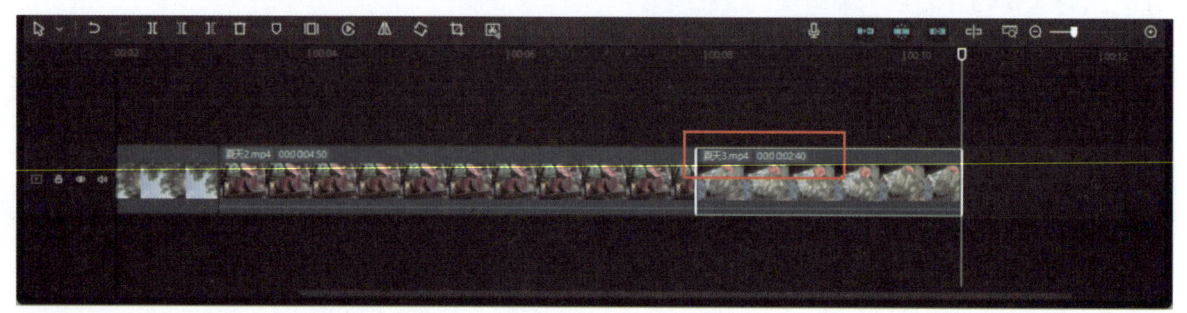

图4-69

STEP 05 添加"夏天4.mp4"视频素材至时间轴区域，选中"夏天4.mp4"视频素材，移动时间线至00:14:35位置，单击常用工具栏中的"向右裁剪"按钮，裁掉多余片段，如图4-70所示。

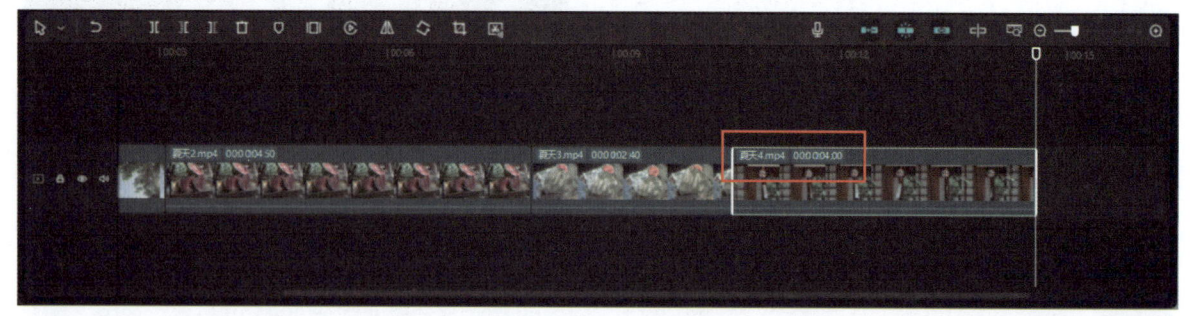

图4-70

STEP 06 添加"夏天5.mp4"视频素材至时间轴区域，选中"夏天5.mp4"视频素材，移动时间线至00:20:00位置，单击常用工具栏中的"向右裁剪"按钮，裁掉多余片段，如图4-71所示。

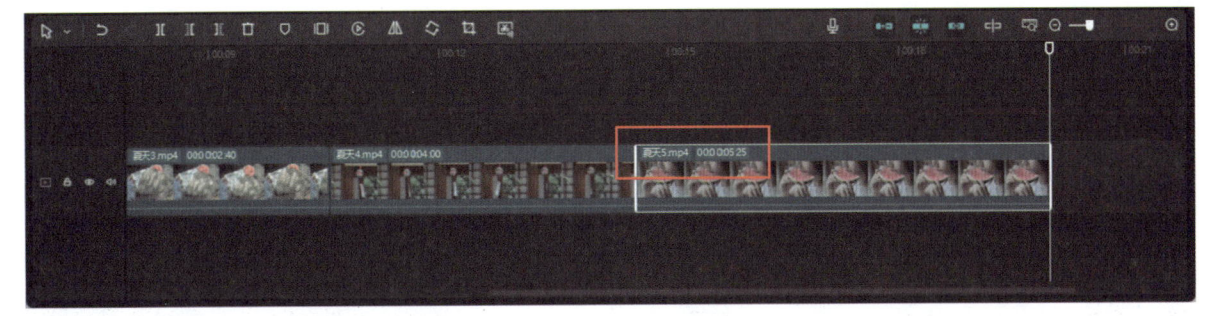

图4-71

STEP 07 添加"夏天6.mp4"视频素材至时间轴区域,选中"夏天6.mp4"视频素材,移动时间线至00:25:00位置,单击常用工具栏中的"向右裁剪"按钮,裁掉多余片段,如图4-72所示。

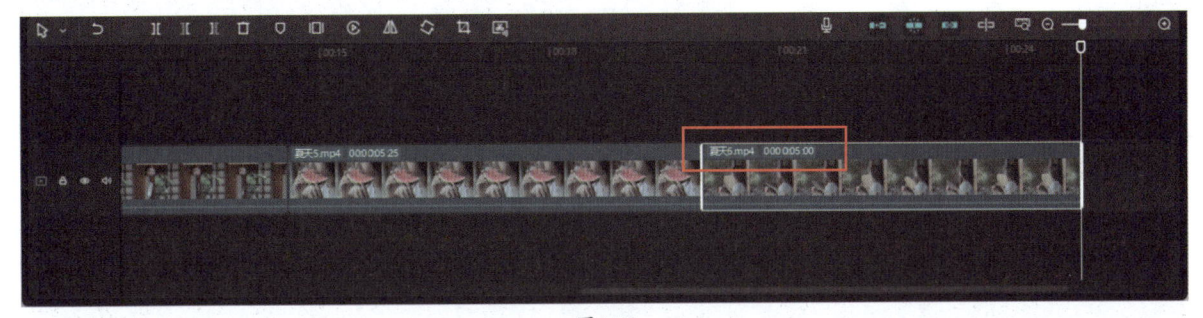

图4-72

STEP 08 添加"夏天7.mp4"视频素材至时间轴区域,选中"夏天7.mp4"视频素材,移动时间线至00:28:00位置,单击常用工具栏中的"向右裁剪"按钮,裁掉多余片段,如图4-73所示。

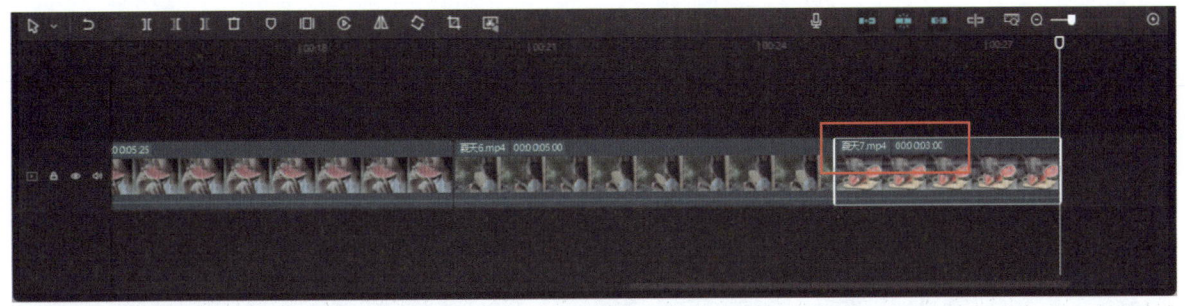

图4-73

STEP 09 添加"夏天8.mp4"视频素材至时间轴区域,选中"夏天8.mp4"视频素材,移动时间线至00:31:05位置,单击常用工具栏中的"向右裁剪"按钮,裁掉多余片段,如图4-74所示。

图4-74

STEP 10 切换至"转场"选项,在"模糊"分类下选择"泡泡模糊"转场效果,添加至时间轴区域,在右侧的检查器窗口中调整转场效果的时长,单击"应用全部"按钮,如图4-75所示。

53

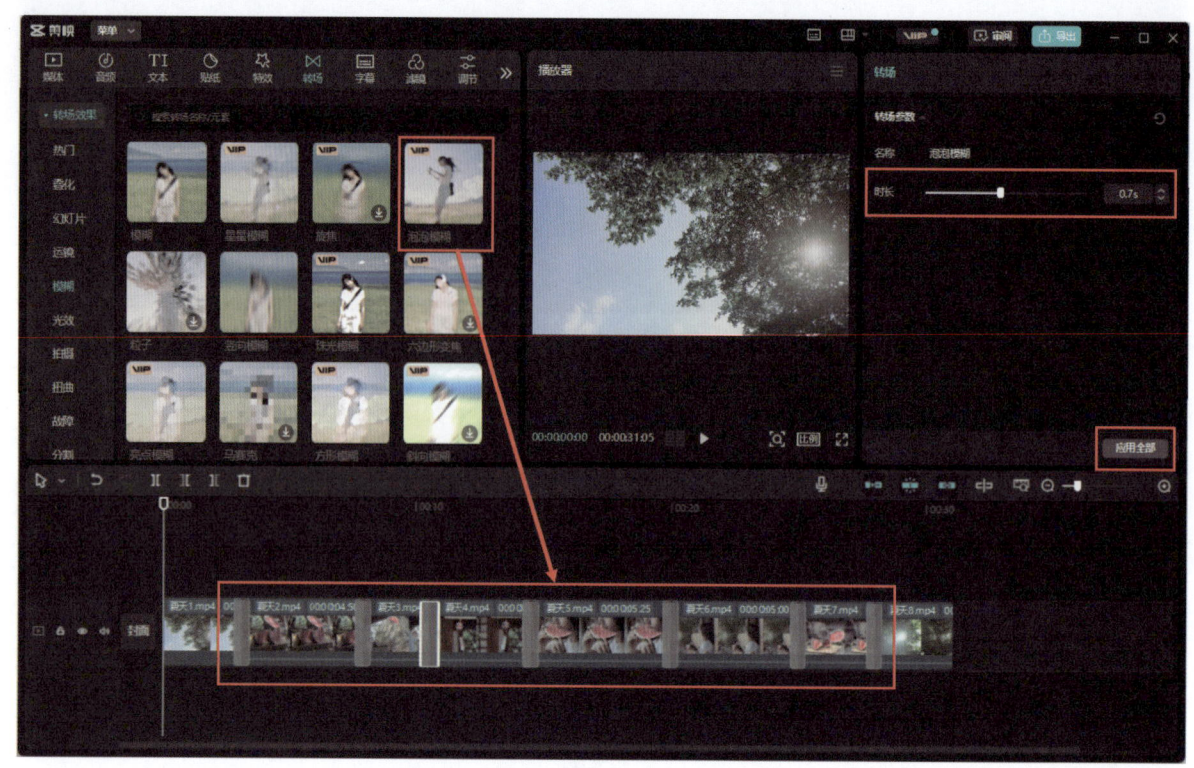

图4-75

STEP 11 切换至"音频"选项,在音乐素材库的"治愈"分类下,找到合适的背景音乐,将其添加至时间轴区域。添加后移动时间线至00:00:30位置,选中音频素材,单击常用工具栏中的"向左裁剪"按钮 ,裁掉多余片段,如图4-76所示,使音频素材对齐视频素材开始处。

图4-76

STEP 12 移动时间线至视频素材结束处,选中音频素材,单击常用工具栏中的"向右裁剪"按钮 ,裁掉多余片段,使音频素材的时长和视频素材的时长保持一致,如图4-77所示。

图4-77

STEP 13 移动时间线至视频素材开始处,切换至"文本"选项,在"夏日"分类下,选择合适的文字模版效果,将其添加至时间轴区域,如图4-78所示。

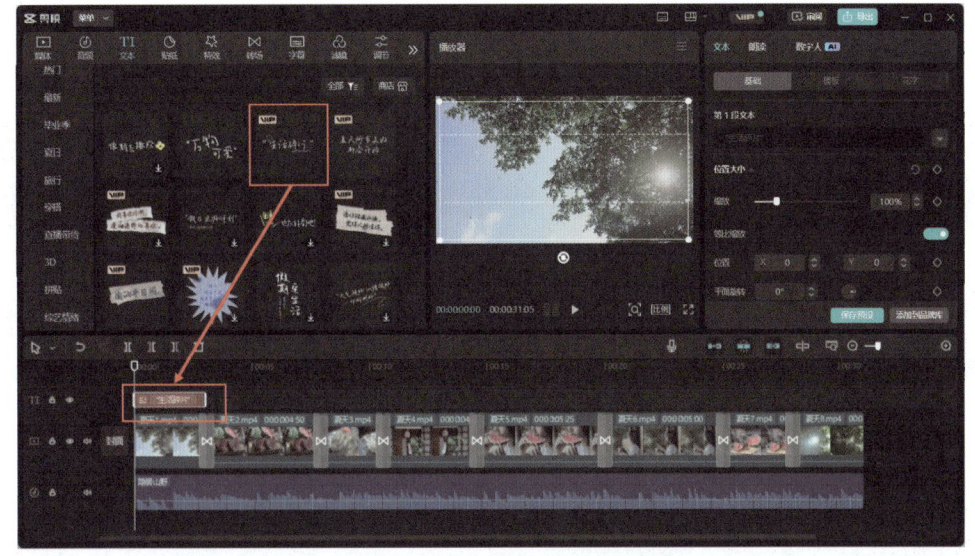

图4-78

STEP 14 完成操作后,预览视频画面效果,如图4-79所示。

图4-79

4.5 应用案例:外出旅游Vlog

外出旅游时拍摄下旅途的风景,记录下旅程中的点点滴滴,制作成精美的Vlog,日后看到Vlog时也能回忆起旅程中的心情。本节将结合前面所学知识,使用剪映专业版中的转场功能和滤镜功能,选择合适的转场效果,制作一个外出旅游Vlog。下面介绍详细的制作过程。

STEP 01 导入"旅行1.mp4"~"旅行9.mp4"视频素材至剪映专业版,并添加"旅行1.mp4"视频素材至时间轴区域,如图4-80所示。

图4-80

STEP 02 移动时间线至00:03:50位置，选中"旅行1.mp4"视频素材，单击常用工具栏中的"向右裁剪"按钮，裁掉多余片段，缩短视频素材时长，便于把握视频节奏，如图4-81所示。

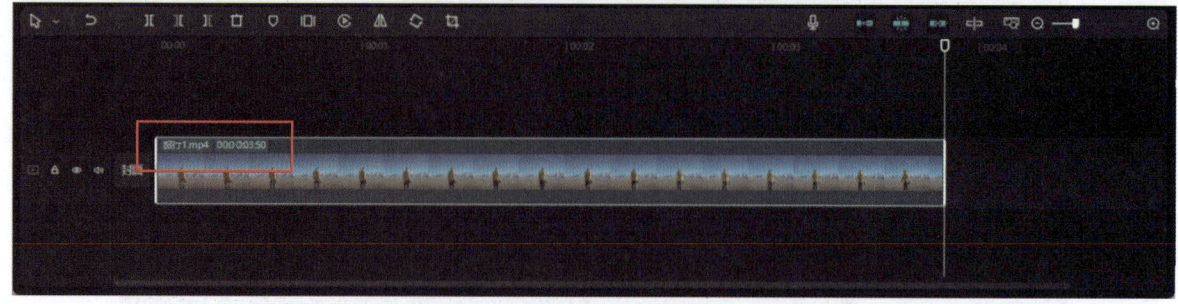

图4-81

STEP 03 添加"旅行2.mp4"视频素材至时间轴区域，移动时间线至00:05:40位置，选中"旅行2.mp4"视频素材，单击常用工具栏中的"向右裁剪"按钮，裁掉多余片段，如图4-82所示。

图4-82

STEP 04 添加"旅行3.mp4"视频素材至时间轴区域，移动时间线至00:10:00位置，选中"旅行3.mp4"视频素材，单击常用工具栏中的"向右裁剪"按钮，裁掉多余片段，如图4-83所示。

图4-83

STEP 05 添加"旅行4.mp4"视频素材至时间轴区域，移动时间线至00:12:00位置，选中"旅行4.mp4"视频素材，单击常用工具栏中的"向右裁剪"按钮，裁掉多余片段，如图4-84所示。

图4-84

STEP 06 添加"旅行5.mp4"视频素材至时间轴区域,移动时间线至00:15:00位置,选中"旅行5.mp4"视频素材,单击常用工具栏中的"向右裁剪"按钮,裁掉多余片段,如图4-85所示。

图4-85

STEP 07 添加"旅行6.mp4"视频素材至时间轴区域,移动时间线至00:20:00位置,选中"旅行6.mp4"视频素材,单击常用工具栏中的"向右裁剪"按钮,裁掉多余片段,如图4-86所示。

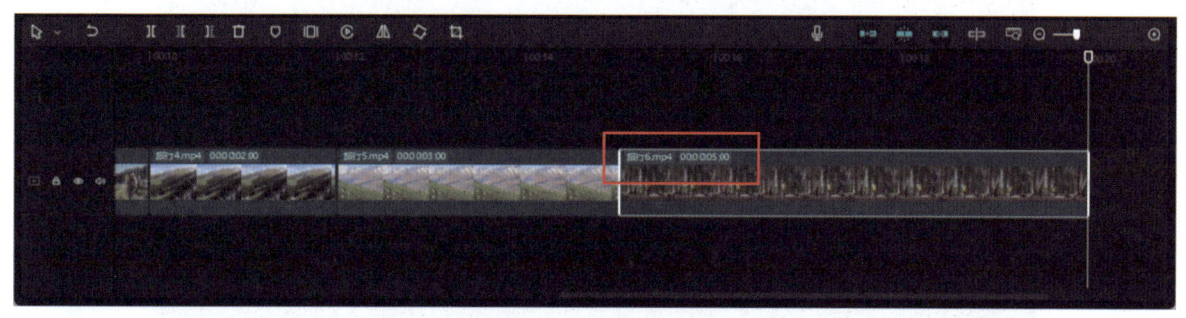

图4-86

STEP 08 添加"旅行7.mp4"视频素材至时间轴区域,移动时间线至00:23:30位置,选中"旅行7.mp4"视频素材,单击常用工具栏中的"向右裁剪"按钮,裁掉多余片段,如图4-87所示。

图4-87

STEP 09 添加"旅行8.mp4"视频素材至时间轴区域,移动时间线至00:26:30位置,选中"旅行8.mp4"视频素材,单击常用工具栏中的"向右裁剪"按钮,裁掉多余片段,如图4-88所示。

图4-88

STEP 10 添加"旅行9.mp4"视频素材至时间轴区域,移动时间线至00:29:00位置,选中"旅行9.mp4"视频素材,单击常用工具栏中的"向右裁剪"按钮,裁掉多余片段,如图4-89所示。

图4-89

STEP 11 移动时间线至视频素材开始处,切换至"特效"选项,在画面特效库中的"基础"分类下找到合适的特效,添加至时间轴区域,调整特效时长与"旅行1.mp4"视频素材时长一致,如图4-90所示。

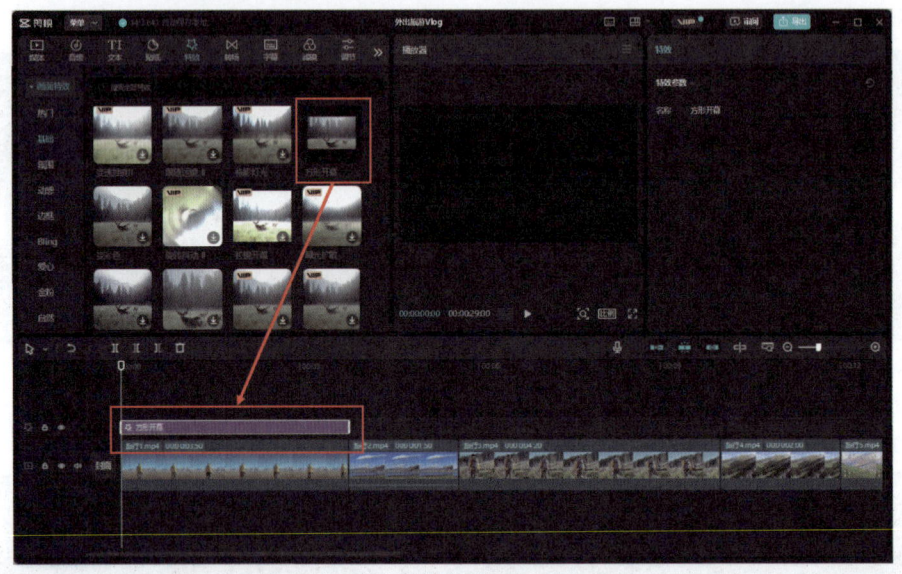

图4-90

STEP 12 移动时间线至视频素材结尾处,切换至"特效"选项,在画面特效库中的"基础"分类下,找到合适的特效,添加至时间轴区域,调整特效时长与"旅行9.mp4"视频素材时长一致,如图4-91所示。

图4-91

STEP 13 移动时间线至视频素材开始处,切换至"音频"选项,在剪映"音乐素材"的"VLOG"分类下,找到合适的背景音乐,将其添加至时间轴区域,并调整时长与视频素材时长一致,如图4-92所示。

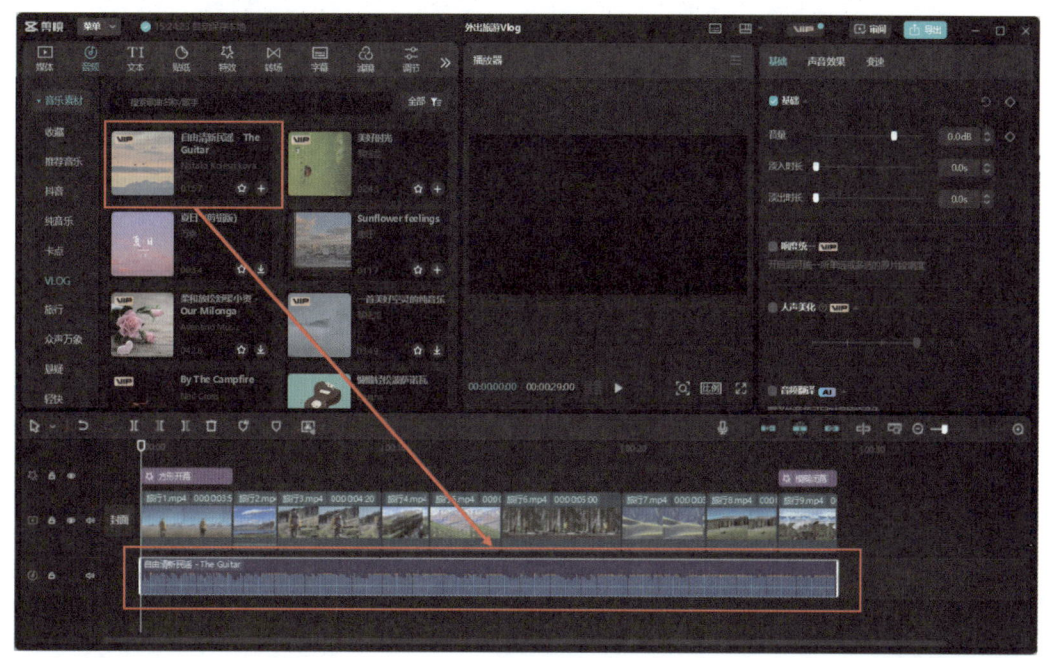

图4-92

STEP 14 移动时间线至00:01:10位置,切换至"文本"选项,在"手写字"分类下,选择合适的文字模板效果,添加至时间轴区域。在检查器窗口中调整文字模板的缩放,在时间轴区域内调整文字模板时长,如图4-93所示。

图4-93

STEP 15 切换至"转场"选项,在"运镜"分类下找到合适的转场效果,将其添加至时间轴区域视频素材的衔接处,添加后单击检查器窗口中的"应用全部"按钮,将转场效果添加至所有衔接处,如图4-94所示。

图4-94

STEP 16 完成操作后,预览视频画面效果,如图4-95所示。

图4-95

4.6 应用案例:可爱萌宠 Vlog

本节结合前面所学知识,使用剪映专业版制作可爱萌宠Vlog。下面介绍详细的制作过程。

STEP 01 导入"萌宠1.mp4"~"萌宠6.mp4"视频素材至剪映专业版,添加"萌宠1.mp4"视频素材至时间轴区域,调整该视频素材的时长,如图4-96所示。

图4-96

STEP 02 添加"萌宠2.mp4"视频素材至时间轴区域，移动时间线至00:06:35位置，选中"萌宠2.mp4"视频素材，单击常用工具栏中的"向右裁剪"按钮，裁掉多余片段，如图4-97所示。

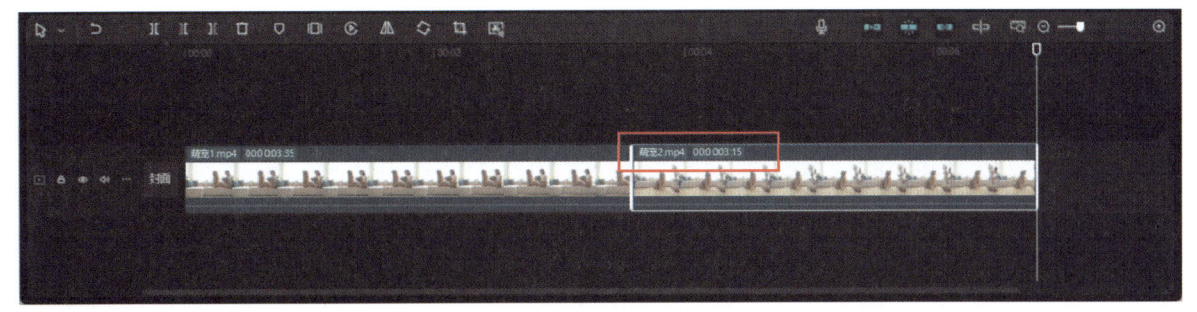

图4-97

STEP 03 添加"萌宠3.mp4"视频素材至时间轴区域，移动时间线至00:10:00位置，选中"萌宠3.mp4"视频素材，单击常用工具栏中的"向右裁剪"按钮，裁掉多余片段，如图4-98所示。

图4-98

STEP 04 添加"萌宠4.mp4"视频素材至时间轴区域，移动时间线至00:15:00位置，选中"萌宠4.mp4"视频素材，单击常用工具栏中的"向右裁剪"按钮，裁掉多余片段，如图4-99所示。

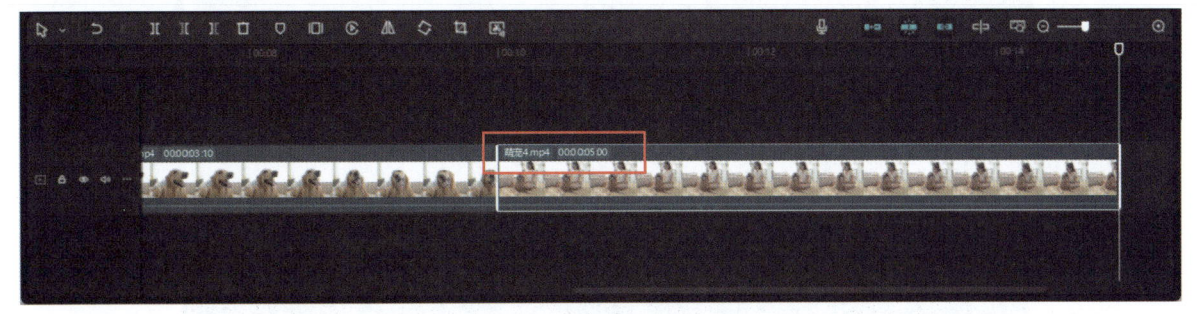

图4-99

STEP 05 添加"萌宠5.mp4"视频素材至时间轴区域，移动时间线至00:18:00位置，选中"萌宠5.mp4"视频素材，单击常用工具栏中的"向右裁剪"按钮，裁掉多余片段，如图4-100所示。

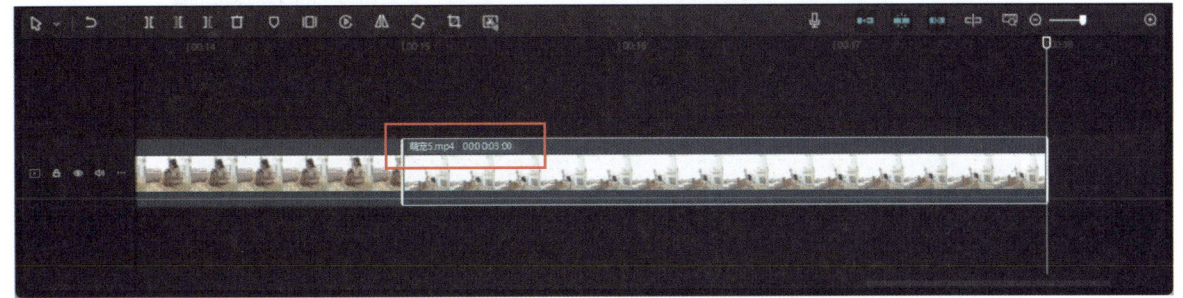

图4-100

STEP 06 添加"萌宠6.mp4"视频素材至时间轴区域，移动时间线至00:05:40位置，选中"萌宠6.mp4"视频素材，单击常用工具栏中的"向右裁剪"按钮，裁掉多余片段，如图4-101所示。

图4-101

STEP 07 切换至"文本"选项，在"萌宠"分类下找到合适的文字模版，添加至时间轴区域，调整文字模版时长与"萌宠1.mp4"视频素材时长一致，并在检查器窗口中调整文本内容，如图4-102所示。

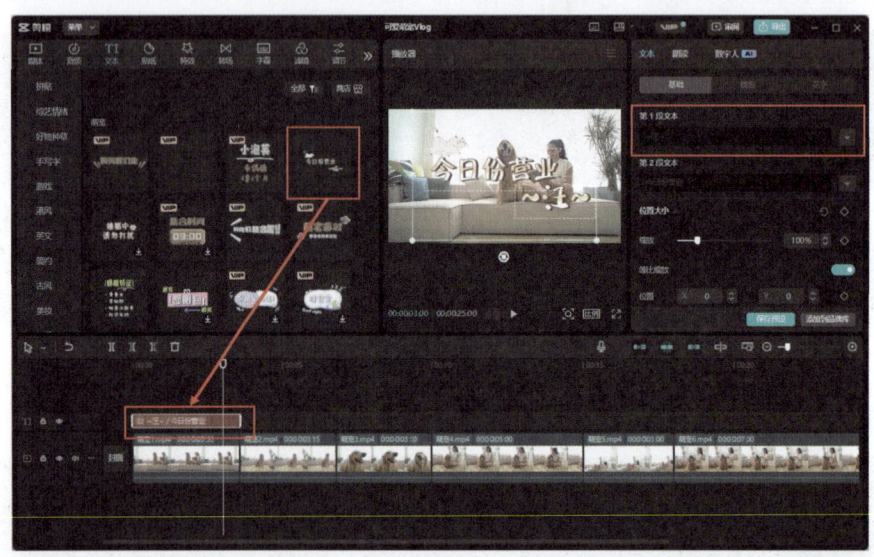

图4-102

STEP 08 切换至"转场"选项，在"叠化"分类下找到合适的转场效果，添加至时间轴区域的素材衔接处，单击检查器窗口中的"应用全部"按钮，将转场效果应用至全部素材衔接处，如图4-103所示。

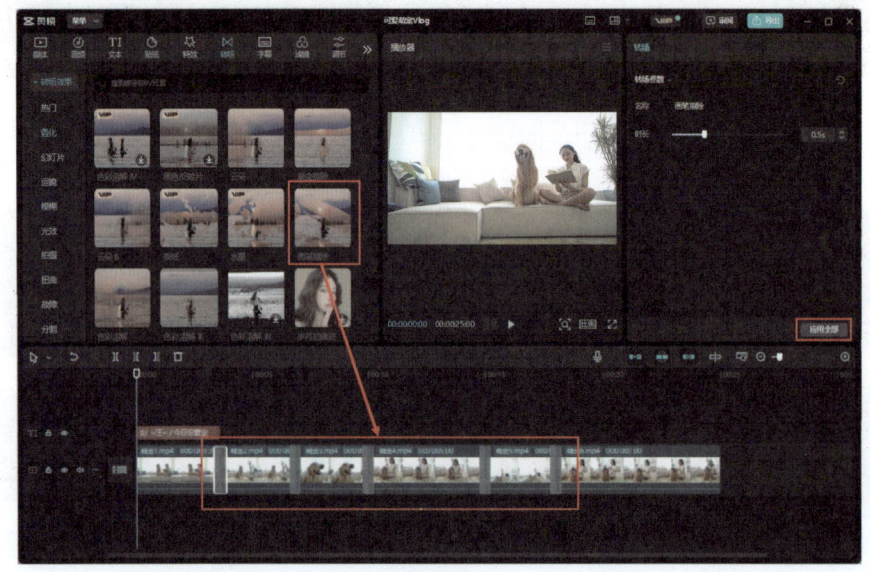

图4-103

STEP 09 切换至"音频"选项,在剪映音乐库的"萌宠"分类下,找到合适的背景音乐,并将其添加至时间轴区域,调整背景音乐时长与视频素材时长一致,如图4-104所示。

图4-104

STEP 10 完成操作后,预览视频画面效果,如图4-105所示。

图4-105

4.7 拓展练习:露营野餐 Vlog

露营野餐已经成为很多人周末放松的选择,请读者结合前面所学知识,使用剪映专业版中的转场功能和特效功能,制作一个露营野餐Vlog视频,如图4-106所示。

图4-106

第 5 章
商业广告——制作好看的字幕效果

在商业广告中，字幕能够起到非常大的作用。字幕能够使视频中展示更多的信息，使重点更突出，例如，从字幕的文字内容作为视频的标题、台词、关键词等。当视频与字幕相结合，运用视觉和听觉的双重刺激可以加深观众对广告内容的记忆。通过有效利用字幕，商业广告可以更全面、更清晰地传达信息，增强广告效果。

5.1 商业广告概述

商业广告是现代商业社会中不可或缺的一部分，它不仅是企业推广产品和服务的重要手段，也是市场竞争中的关键工具。商业广告通过多种媒介传递信息，旨在吸引潜在消费者，提高销售额，并增强品牌知名度和美誉度。其内容多样，形式丰富，每种形式都有其独特的优势和受众。

随着互联网的发展，短视频广告随着短视频行业的崛起也成为了商业广告中不可忽视的一部分，越来越多的企业选择用短视频广告进行推广宣传。例如一些大品牌会在新品发售前，制作短视频广告，向消费者展示产品外观、品牌理念等信息。图5-1所示为iPhone 15的短视频广告，苹果公司通过这支广告向消费者展示iPhone15的外观和全新功能。

图5-1

商业广告的核心目标是吸引消费者。通过创意性的设计和精准的传播，广告能够激发消费者的购买欲望。广告内容通常结合视觉、听觉和情感元素，使观众在短时间内产生共鸣和兴趣。一支成功的电视广告不仅要画面精美、音乐动听，还需要故事情节引人入胜。例如，无印良品在宣传扫除用品时，就拍摄了日常生活的扫除场景，营造温馨的氛围，如图5-2所示，以打动观众的心灵，从而促使观看者对产品或服务产生购买冲动。

图5-2

通过持续而一致的广告宣传，企业可以逐步树立品牌形象，增强品牌认知度和忠诚度。品牌广告通常注重传递企业价值观和品牌故事，旨在与消费者建立情感连接，使品牌在消费者心中留下深刻印象。例如，耐克的"JUST DO IT."广告系列，如图5-3所示，不仅推广了运动鞋，还传达了勇于挑战、积极向上的生活态度，成功塑造了全球知名的品牌形象。

图5-3

此外，商业广告在市场竞争中扮演着至关重要的角色。在竞争激烈的市场环境中，企业需要通过广告来突出自身优势，抢占市场份额。有效的广告策略能够帮助企业在众多竞争对手中脱颖而出，吸引更多的消费者。广告不仅要传递产品信息，还要通过创新的方式展示产品特色和优越性，从而赢得消费者的青睐。

5.2 添加视频字幕

剪映中有多种添加字幕的方法，可以手动输入，也可以使用识别功能自动添加，还可以使用朗读功能实现字幕和音频的转换。

5.2.1 新建字幕

在剪映中可以输入字幕内容，调整字幕素材时长。除此之外，也可以在预览窗口中直接拖曳字幕调整字幕位置，或是在检查器窗口中输入参数来调整位置。

在剪映中导入视频素材并将其添加至时间轴区域，单击"文本"按钮，切换至"文本"选项，如图5-4所示。

移动光标至默认文本缩略图上，单击缩略图右下角的"添加"按钮，如图5-5所示。

图5-5

时间轴区域会自动添加一段可以调整时长的字幕素材。移动光标至字幕素材两端，光标出现变化后，拖曳素材两端可以调整时长，如图5-6所示。

选中时间轴区域刚刚添加的字幕素材，在检查器窗口内可以调整字幕内容和字幕位置，如图5-7所示，或者在预览窗口中直接拖曳字幕素材调整位置。

图5-4

图5-6

图5-7

5.2.2 智能字幕

在商业广告的制作过程中，有时需要大批量地添加人声台词字幕或是添加脚本中的文案内容，便于观众理解。剪映推出了智能字幕功能，可以自动识别人声部分并生成字幕，或是自动匹配文稿，提升创作者的工作效率。

1. 识别字幕

在剪映专业版中导入需要进行识别字幕操作的素材，添加至时间轴区域，选中素材，单击工具栏中的"文本"按钮 TI，单击"智能字幕"按钮，即可切换至"智能字幕"界面，如图5-8所示。

图5-8

单击"开始识别"按钮，如图5-9所示，即可开始自动识别，剪映会弹出进度框提示识别进度，避免用户等待时间过长，如图5-10所示。

图5-9 　　　　　　　　　　图5-10

识别完成后，时间轴区域会自动添加相对应的字幕，字幕时长和字幕位置与音频轨道的波形也是相对应的，如图5-11所示。

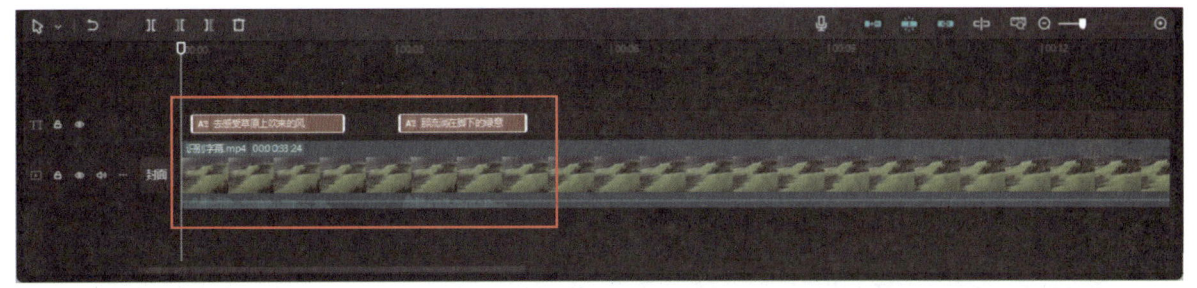

图5-11

> **提示**
> 本书撰写时使用的剪映版本为6.1.0，该版本中的识别字幕功能每月限免5次，每月月初重置，导出视频后才会扣除限免次数。

2. 文稿匹配

同样好用的还有文稿匹配功能，选中素材后，切换至"文本"选项下的"智能字幕"界面，单击"开始匹配"按钮，如图5-12所示。

图5-12

剪映会弹出"输入文稿"对话框，如图5-13所示，创作者只需要在其中输入想要添加的字幕内容，剪映就会自动匹配字幕位置。剪映对于该功能的使用也给出了相应的建议，例如单次匹配上限为5000字、一句一换行、不要出现标点符号等。输入文稿后，单击右下角的"开始匹配"按钮，即可开始匹配。

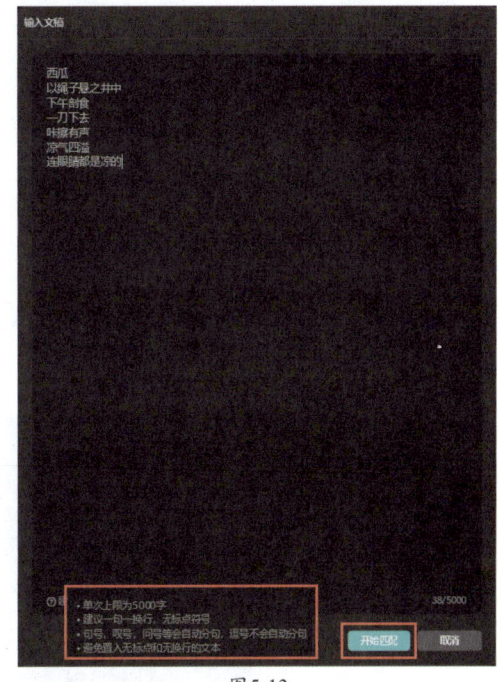

图5-13

完成匹配后，时间轴区域会根据输入的文稿内容，自动添加字幕素材，并调整字幕素材时长，如图5-14所示。

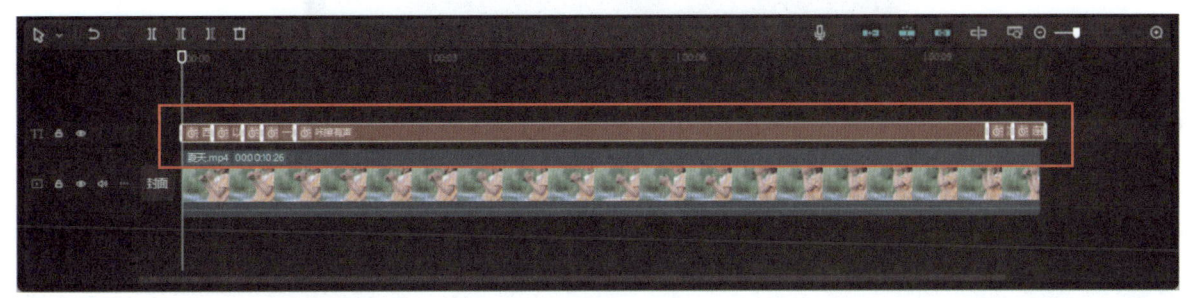

图5-14

> **提示**
> 文稿匹配功能仍有它的局限性，用户在使用后需要自行调整才能获得更好的字幕效果。

5.2.3 识别歌词

除了可以识别字幕、文稿匹配，剪映也可以识别歌词。

在剪映专业版中导入视频素材后，选择剪映音乐库中的音乐素材，切换至"文本"选项下的"识别歌词"界面，单击"开始识别"按钮，如图5-15所示，即可开始识别歌词。

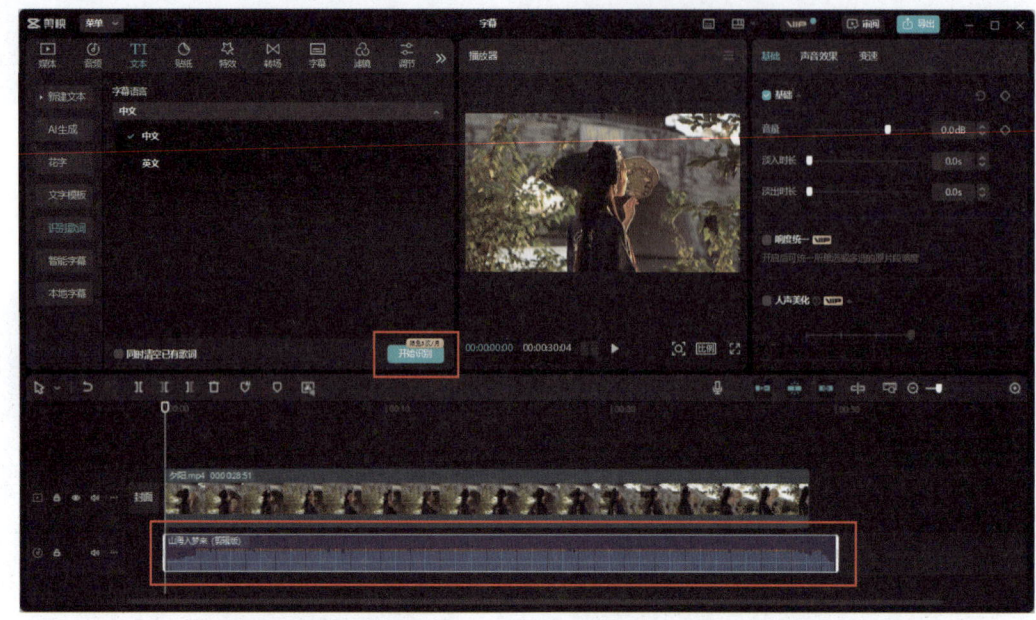

图5-15

识别歌词功能仅支持识别中文或者英文歌词，用户可以在"字幕语言"下拉列表中选择语言，如图5-16所示。

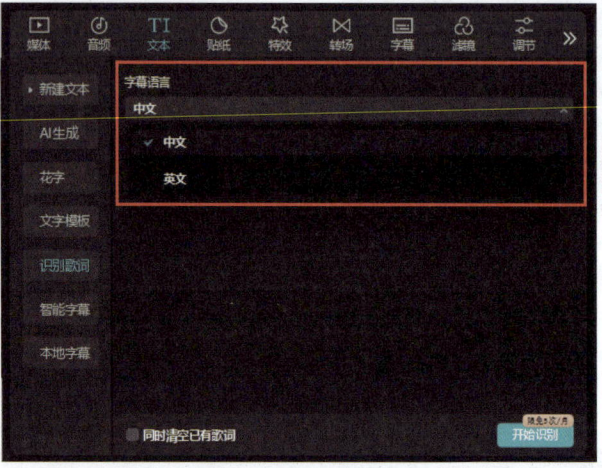

图5-16

完成识别后，剪映会自动在时间轴区域添加字幕素材，如图5-17所示。

图5-17

> **提示**
> 识别歌词功能也存在不够准确的情况，需要用户对自动添加的字幕进行核对。

5.2.4 文字模板

文字模版功能非常好用，剪映为用户提供了多种文字模板效果，并进行了分类。

在剪映专业版中添加了视频素材后，切换至"文本"选项下的"文字模版"界面，移动光标至想要添加的文字模版上，单击文字模版缩略图右下角的"添加"按钮，如图5-18所示，即可将文字模板添加至时间轴区域。

图5-18

时间轴区域会出现一段字幕素材，如图5-19所示。

图5-19

通过文字模板功能添加的字幕不同于通过新建文本功能添加的字幕。通过文字模板功能添加的字幕仅能调整文本内容、位置和缩放，如图5-20所示；通过新建文本功能添加的字幕则可以调整更多参数，也可以为其添加关键帧，制作各种关键帧动画效果。

5.2.5 AI生成

剪映将AI引入字幕相关功能，推出了AI生成功能，用户可以输入文案和描述词来生成字幕效果。

在剪映专业版中导入素材后，切换至"文本"选项下的"AI生成"界面，输入文案内容和关键词，如图5-21所示。

图5-20

图5-21

移动光标至生成效果的缩略图上，单击右下角的"添加"按钮，即可将生成的字幕效果添加至时间轴区域，如图5-22所示。

图5-22

5.3 美化视频字幕

在剪映中添加字幕后，用户还可以在检查器窗口中设置字幕样式，从而进一步美化字幕。或者使用剪映的"花字"或"贴纸"对字幕进行更多效果的制作。

5.3.1 字体设置

将剪映中通过新建文本功能添加的字幕素材添加至时间轴区域，选中字幕素材，即可在检查器窗口中展开字体菜单栏，如图5-23所示。

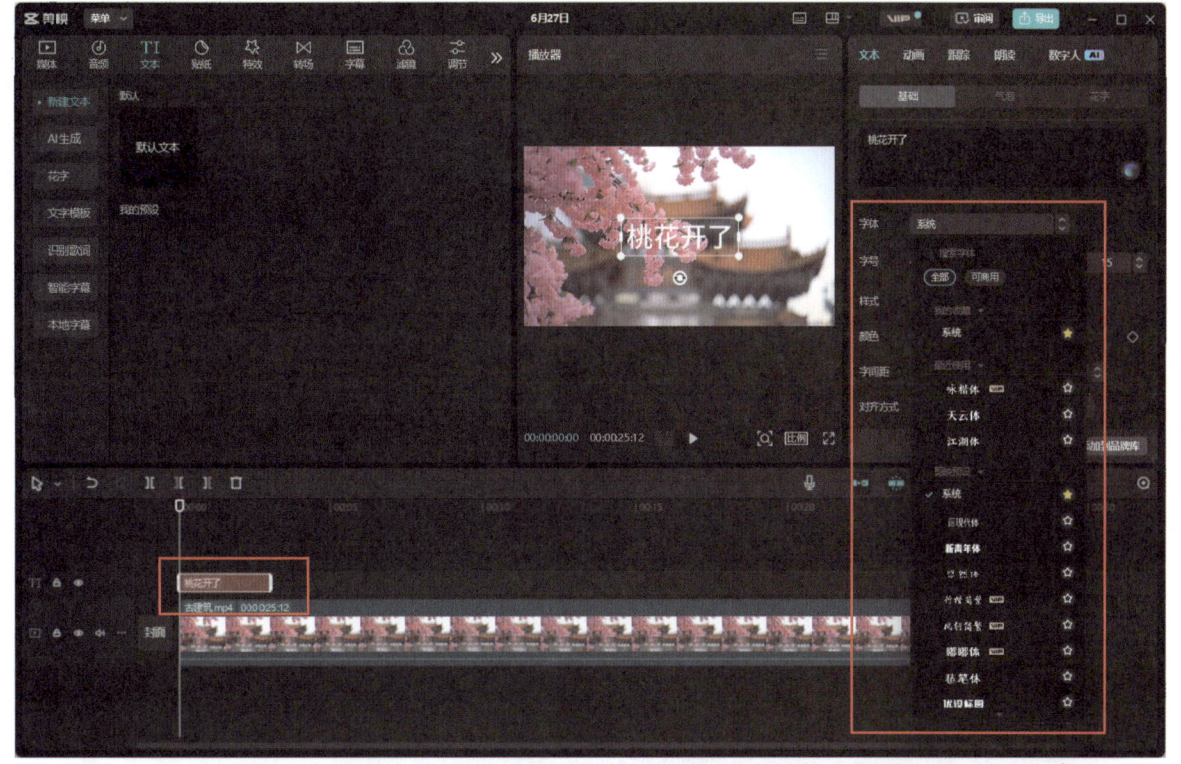

图5-23

在菜单栏中，用户可以看到收藏的字体和最近使用的字体，用户收藏的字体会优先显示，便于用户选择喜欢的字体进行字幕美化。下载字体后，移动光标至已经下载好的字体上，剪映会在预览窗口中预览字体效果，便于用户查看，如图5-24所示。

图5-24

5.3.2 样式设置

设置好字体后，用户也可以对字幕的样式进行调整，如图5-25所示。在检查器窗口的样式设置中，用户可以调整文本内容的加粗、下画线和倾斜，除此之外，还有颜色、字间距、对齐方式的设置。

图5-25

剪映也提供了多种预设样式便于用户选择，用户选择某一效果后，会直接应用在字幕上，不会影响之前已经设置好的样式，如图5-26所示。

图5-26

5.3.3 花字效果

剪映提供了花字效果供用户选择，并根据颜色进行了分类。

在剪映专业版中导入视频素材后，切换至"文本"选项下的"花字"界面，即可看到剪映的花字分类，如图5-27所示。

选择并下载某一花字效果，剪映会在预览窗口中显示花字效果。单击花字效果缩略图右下角的"添加"按钮⊕，如图5-28所示，即可将花字效果添加至时间轴区域。

选中通过花字功能添加至时间轴区域内的字幕素材，在检查器窗口中可以更改字幕内容和样式，如图5-29所示。

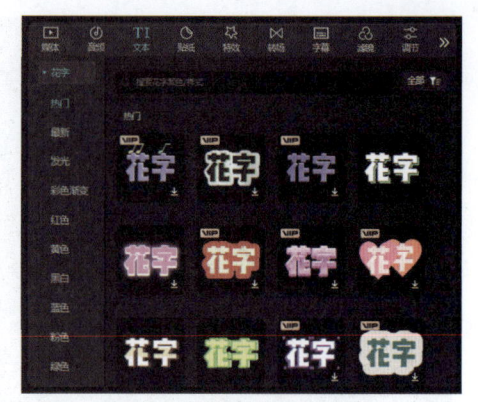

图5-27

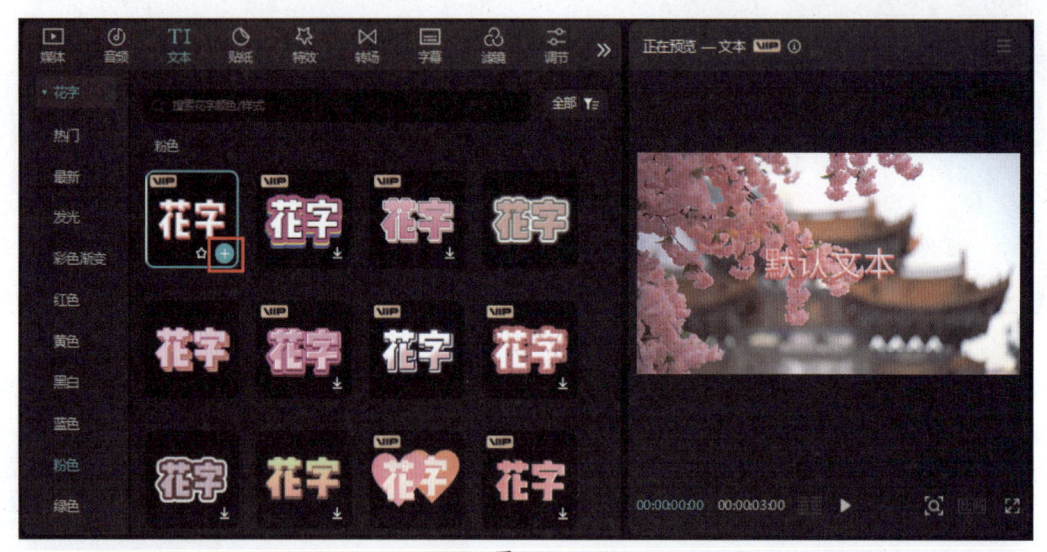

图5-28

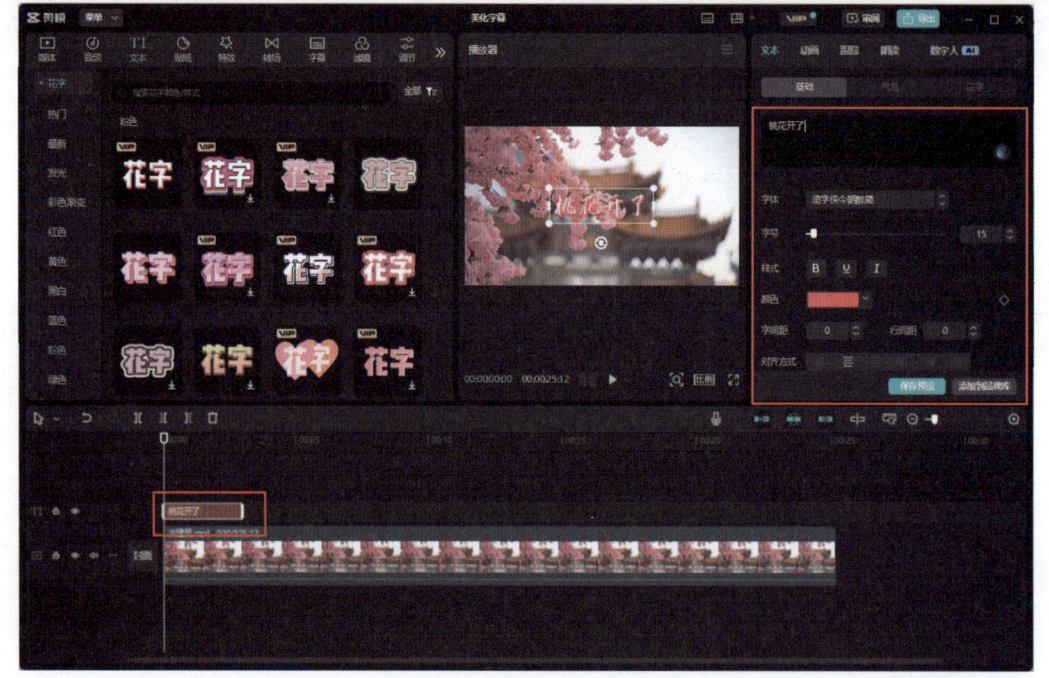

图5-29

5.3.4 添加贴纸

想要对字幕进行美化，也可以添加贴纸效果在字幕周围对字幕进行美化，以获得更好的字幕效果。

在剪映专业版中添加视频素材后，单击"贴纸"按钮，切换至"贴纸素材"界面，即可看到各种贴纸素材，如图5-30所示。

移动光标至贴纸缩略图上，单击缩略图即可自动下载该贴纸素材，完成下载后预览窗口中会预览贴纸素材效果，如图5-31所示。

单击贴纸效果缩略图右下角的"添加"按钮，即可将贴纸素材添加至时间轴区域。选中时间轴区域内的贴纸素材，可以在预览窗口中拖曳调整贴纸素材位置，或在检查器窗口中调整贴纸素材的各项参数，如图5-32所示。

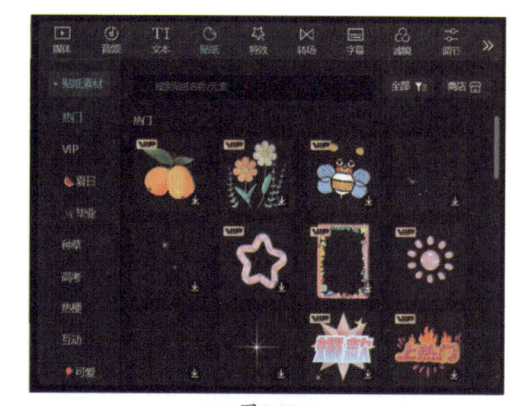

图5-30

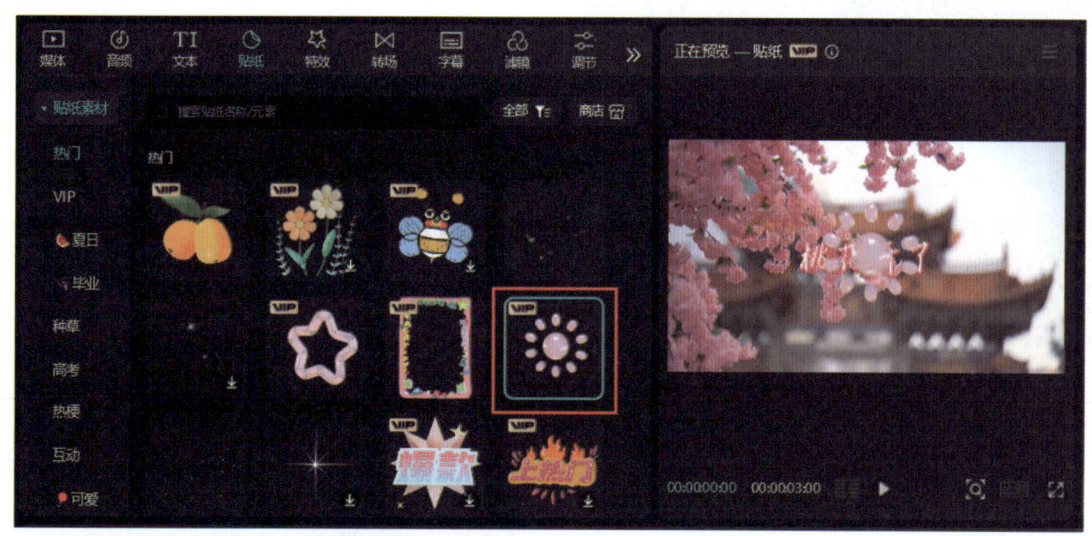

图5-31

图5-32

5.4 制作字幕动画

在剪映中完成基本字幕的创建之后，还可以为字幕素材添加动画效果，让画面中的文字呈现更加精彩的视觉效果。

5.4.1 入场

在剪映专业版中添加视频素材并添加一段字幕素材，选中时间轴区域的字幕素材，在检查器窗口中切换至"动画"选项，剪映默认切换至"入场"动画分类。选择某一入场动画效果后会直接应用至字幕素材，一般默认动画时长为0.5s，如图5-33所示。

图5-33

5.4.2 出场

剪映也可以为字幕素材添加出场动画效果，在"动画"选项中切换至"出场"动画分类，即可看到各种出场动画效果。选择某一出场动画效果后，会直接应用至字幕素材，默认出场动画效果时长为0.5s，如图5-34所示。

图5-34

5.4.3 循环

剪映专业版中不仅可以添加入场动画、出场动画效果，也可以添加循环动画效果。在"动画"选项下切换至"循环"动画分类，即可选择循环动画效果。选择某一循环动画效果，会直接应用至字幕素材，但应用后仅能调整动画快慢，无法调整动画时长，如图5-35所示。

图5-35

添加了各种动画效果后，时间轴区域的字幕素材会显示动画效果添加的位置，并以箭头形式提示。图5-36所示为仅添加了入场动画和出场动画效果的字幕素材。

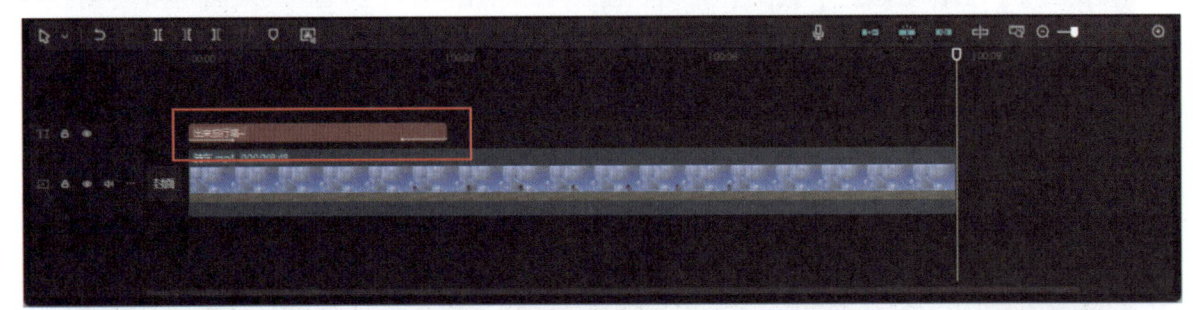

图5-36

如果添加了入场动画和出场动画后再次添加循环动画效果，循环动画效果的时长会和没有动画效果的空白片段时长一致，如图5-37所示。

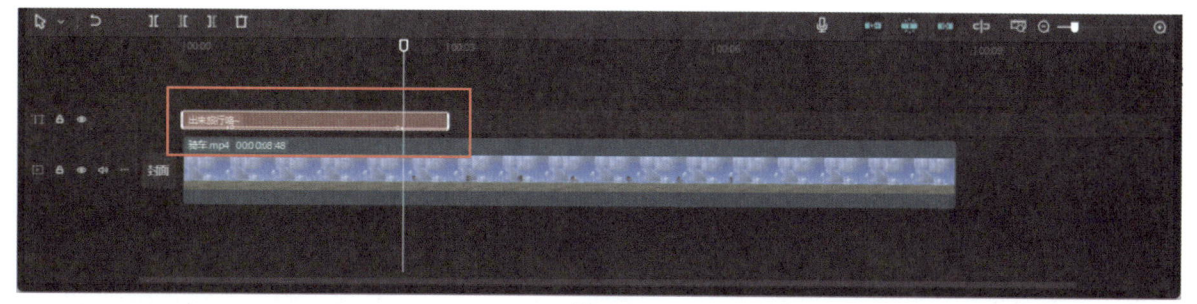

图5-37

在没有添加入场动画和出场效果的情况下添加循环动画效果，循环动画效果的时长就和字幕素材时长保持一致，如图5-38所示。

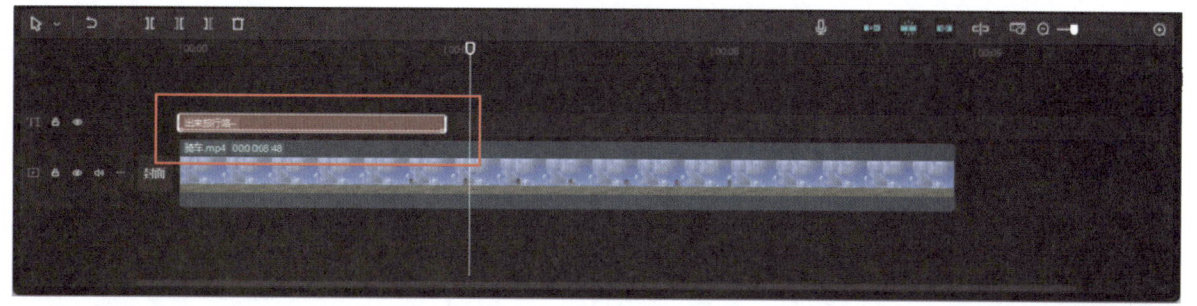

图5-38

5.5 应用案例：古风汉服广告

古风汉服是各大电商平台中较火的品类，许多年轻人都会选择购买一件汉服圆自己的古装梦。本节将结合前面所学知识，使用剪映专业版中的字幕功能制作一个古风汉服广告视频。下面介绍详细的制作过程。

STEP 01 导入"汉服1.jpg"~"汉服12.jpg"图片素材至剪映专业版，添加导入的素材至时间轴区域，如图5-39所示。

图5-39

STEP 02 单击"文本"按钮 TI，切换至"文本"选项，在"文字模版"界面选择合适的文字模版效果，并将其添加至时间轴区域。添加后调整字幕素材时长，使其时长与"汉服1.jpg"图片素材一致，并在检查器窗口中调整字幕素材的参数，如图5-40所示。

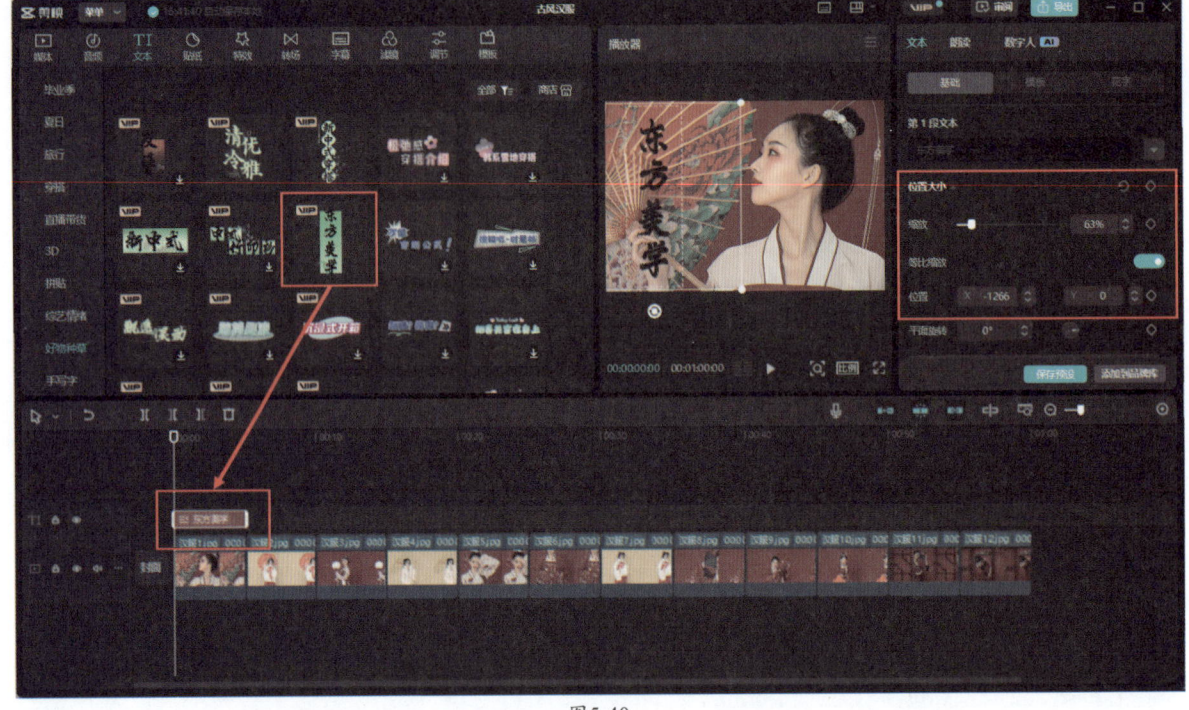

图5-40

STEP 03 移动时间线至"汉服3.jpg"图片素材开始处，在"文字模版"界面选择合适的文字模版，添加至时间轴区域，调整字幕素材时长与"汉服3.jpg"图片素材时长一致。选中字幕素材，在检查器窗口中调整各项参数，如图5-41所示。

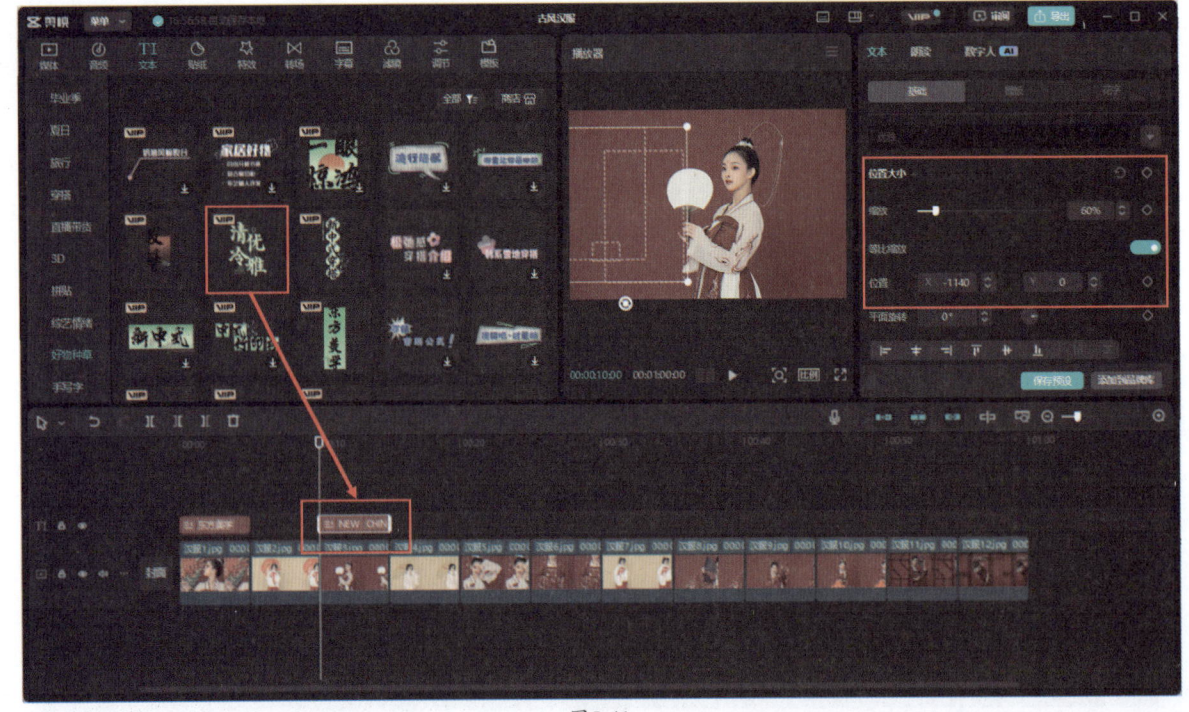

图5-41

STEP 04 移动时间线至"汉服5.jpg"图片素材开始处,在"文字模板"界面选择合适的文字模板,添加至时间轴区域,调整字幕素材时长与"汉服5.jpg"图片素材时长一致。选中字幕素材,在检查器窗口中调整各项参数,如图5-42所示。

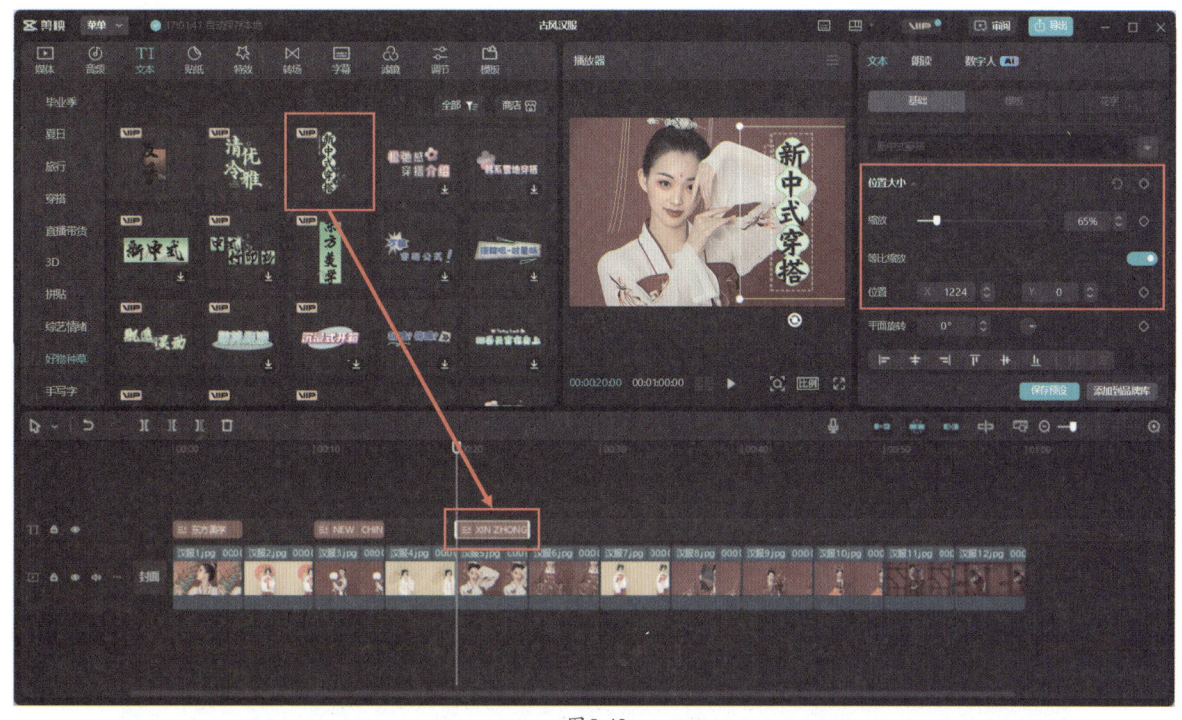

图5-42

STEP 05 移动时间线至"汉服11.jpg"图片素材开始处,在"文字模板"界面选择合适的文字模板,添加至时间轴区域,调整字幕素材时长与"汉服11.jpg"图片素材时长一致。选中字幕素材,在检查器窗口中调整各项参数,如图5-43所示。

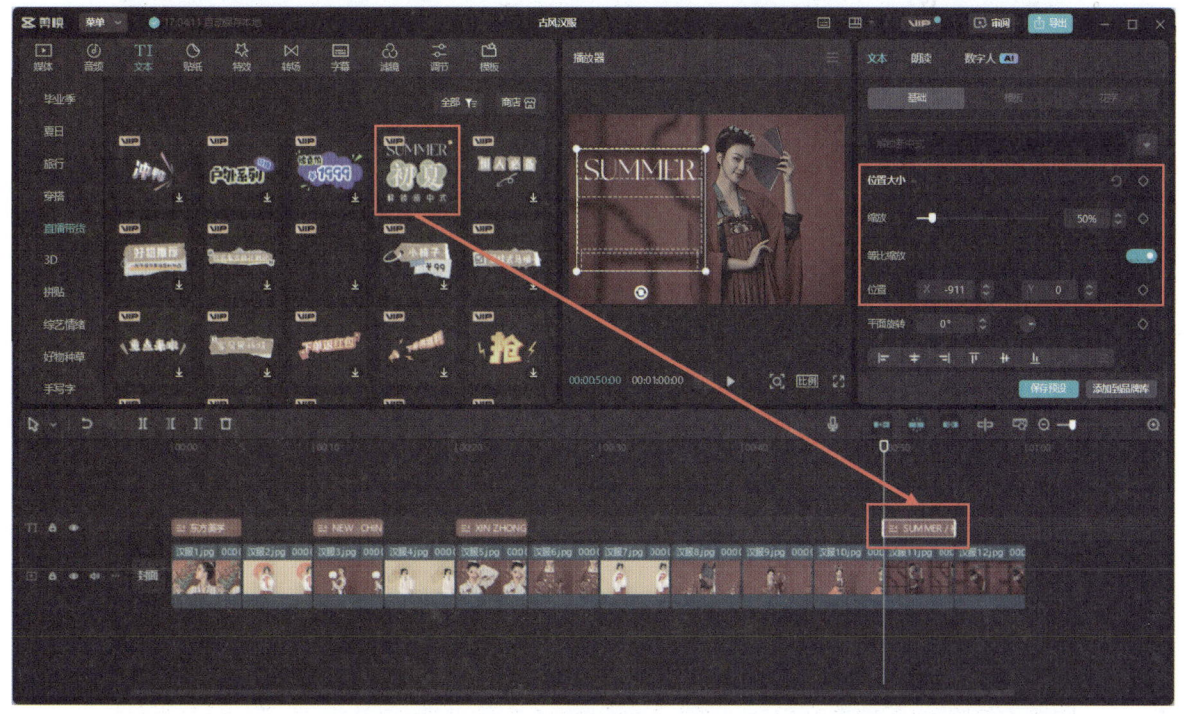

图5-43

STEP 06 单击"转场"按钮,切换至"转场"选项,选择"白色烟雾"转场效果并添加至时间轴区域的素材衔接处。选中转场效果,单击检查器窗口右下角的"应用全部"按钮,如图5-44所示。

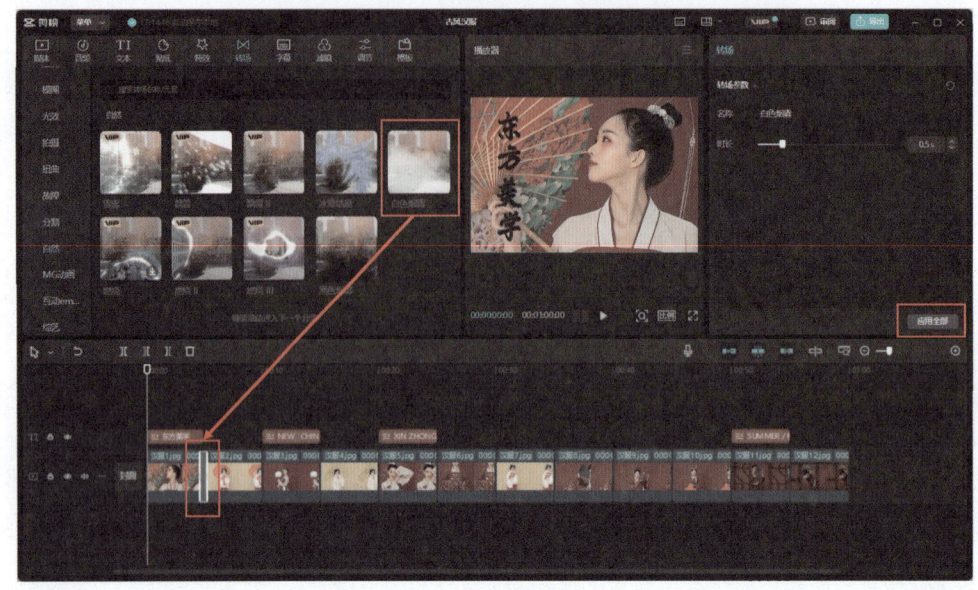

图5-44

STEP 07 转场效果会应用至所有的素材衔接处,如图5-45所示。

图5-45

STEP 08 单击"贴纸"按钮,切换至"贴纸"选项,选择合适的贴纸效果,添加至时间轴区域,并调整贴纸素材时长与图片素材时长一致。在检查器窗口中调整贴纸素材参数,使画面效果表现更好,如图5-46所示。

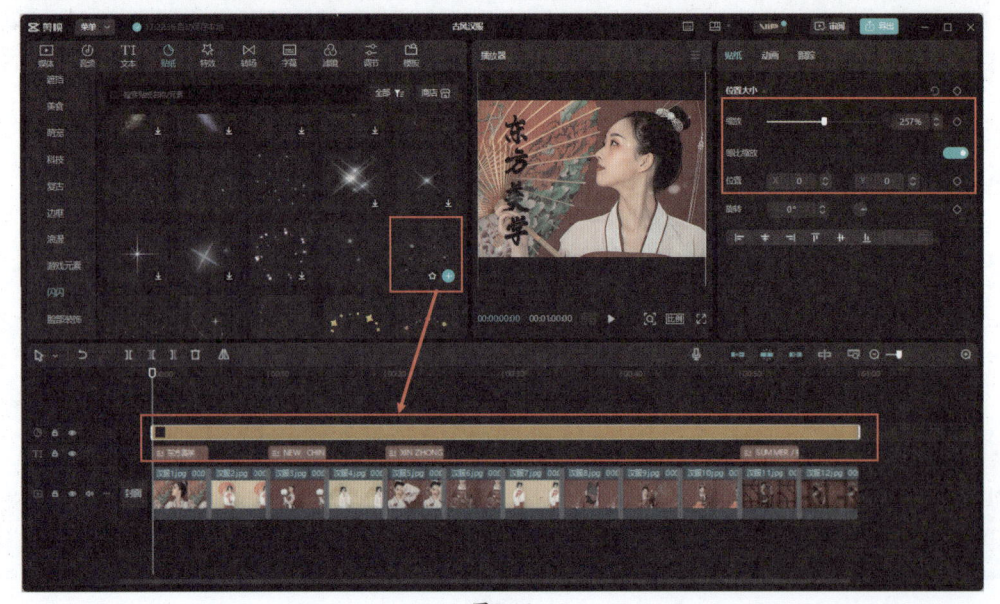

图5-46

STEP 09 单击"音频"按钮♪，切换至"音频"选项，在剪映音乐库的"国风"分类下选择合适的背景音乐添加至时间轴区域，如图5-47所示。

图5-47

STEP 10 移动时间线至00:01位置，选中音频素材，单击常用工具栏中的"向左裁剪"按钮，裁掉音频素材中的空白片段，如图5-48所示。

图5-48

STEP 11 拖曳音频素材，使其位置对齐图片素材开始处。移动时间线至图片素材结束处，选中音频素材，单击常用工具栏中的"向右裁剪"按钮，裁掉多余片段，使音频素材时长和图片素材时长保持一致，如图5-49所示。

图5-49

STEP 12 完成操作后，预览视频画面效果，如图5-50所示。

图5-50

5.6 拓展练习：特色美食广告

特色美食广告是每个人平时都会接触到的广告，请读者结合前面所学知识，使用剪映专业版中的字幕功能和转场功能，制作一支特色美食广告，如图5-51所示。

图5-51

5.7 拓展练习：夏日饮品广告

炎热的夏天，大家都想喝一点冰爽清凉的饮品，请读者结合前面所学知识，使用剪映专业版中的字幕功能和转场功能，制作一支夏日饮品广告，如图5-52所示。

图5-52

5.8 拓展练习：时尚家居广告

每个疲惫的人下班回家之后都想看到一个精致的家，缓解忙碌一天之后的疲惫感。请读者结合前面所学知识，使用剪映专业版中的字幕功能，制作一支时尚家居广告，如图5-53所示。

图5-53

第 6 章
动感相册——动画效果和关键帧的应用

动感相册能够让原本静态的照片变成动态的形式。不论是日常随拍、聚会留影，还是出行旅拍、个人写真，都能以动感相册的方式变成视频。本章将介绍动画效果和关键帧的具体应用，并应用动画效果和关键帧制作动感相册。

6.1 动感相册概述

6.1.1 制作要点

动感相册与传统相册相比更加方便，且交互性强，因此很多人都会选择将照片做成动感相册。一般制作动感相册的要点有以下2个。

1. 主题风格

动感相册的风格多种多样，可以是简单的拼接风格、怀旧风格，如图6-1所示。在制作动感相册前，要先确定好制作风格，然后根据风格选取合适的素材。

图6-1

2. 剪辑节奏

动感相册的剪辑十分重要，例如一些节日广告的宣传电子相册可以剪辑得更欢快一些，怀旧类的电子相册则可以更舒缓一些。将图片素材与图片素材之间的切换与背景音乐节点相结合，形成恰当的剪辑节奏。合适的剪辑节奏更能带动观众的情绪。

6.1.2 主要构成元素

动感相册的构成元素有许多，下面介绍几种常见的构成元素。

1. 图片

在动感相册中，一般使用图片素材进行剪辑，故而图片是必不可少的重要元素。图片在动感相册中发挥着核心的作用，它不仅是内容的主要载体，还通过多种方式增强整体表现力和感染力。选择合适的图片素材可以从多方面提升动感相册的效果和价值。

2. 背景音乐

背景音乐在情感渲染方面具有独特的优势。不同类型的音乐可以传达不同的情感和氛围。例如，亲子相册（图6-2所示）使用温馨的音乐能够让画面表现更具温情，欢快的音乐则能够提升旅行相册的愉悦感。音乐与图片内容的契合能够更好地表达制作者的情感意图，使观众产生共鸣，从而更加投入地欣赏动感相册。

图6-2

背景音乐能够增强记忆效果。音乐具有强大的记忆唤起功能，当观众再次听到相册中的背景音乐时，往往会联想到相册中的图片和情景。通过这种方式，音乐帮助观众更深刻地记住动感相册的内容，提升相册的回忆价值。

背景音乐还在动感相册中起到填补空白的作用。在图片切换的间隙，音乐可以填补这些空白，保持观众的注意力，避免因无声造成视觉疲劳。即使在图片过渡的瞬间，音乐也能够维持相册的整体连贯性，使观众保持持续的观赏兴趣。

3. 文字

在动感相册中文字发挥着多重作用，它不仅补充和解释图片内容,还通过多种方式增强动感相册的表现力和情感传达。文字的巧妙运用可以从多方面提升动感相册的效果和价值。

文字在动感相册中承担着解释和说明的作用。虽然图片具有直观的视觉冲击力,但有些信息和细节难以通过图像单独传达。通过添加文字说明,制作者可以向观众提供更全面的信息,例如,旅行相册中的地名(图6-3所示)、时间和背景故事,家庭聚会中的人物关系和场景描述。文字能够有效地补充图片的不足,使观众更好地理解和欣赏相册内容。

图6-3

通过文字,制作者可以直接传达自己的感受和心情,增强情感的共鸣和感染力。例如,在婚礼相册中,添加新人的誓言和祝福,如图6-4所示,或是在孩子成长相册中,记录父母的心声和期望。这些文字能够深入触动观众的内心,使动感相册更具温度和情感。文字的情感表达功能,使得动感相册不仅仅是视觉的展示,更是情感的传递。

图6-4

4. 转场

动感相册大部分以图片为主,转场的添加可以使画面之间的切换更加自然,可以使两段素材更好地融合到一起。

6.2　剪映的动画功能

很多用户在使用剪映时容易将"特效"功能、"转场"功能与"动画"功能混淆。虽然三者都可以让画面看起来更具动感,但"动画"功能既不能像"特效"功能那样改变画面内容,也不能像"转场"功能那样衔接两个片段,它仅能对所选视频添加入场、出场和循环动态效果。

6.2.1　入场动画

剪映中的动画效果可以分为入场动画、出场动画和组合动画。入场动画是素材开始播放时使用的动画效果。本节详细介绍在剪映中如何添加入场动画效果。

导入素材至剪映专业版,选中时间轴区域的视频素材,在检查器窗口中选择"动画"选项,剪映默认切换至"入场"动画分类,如图6-5所示。

图6-5

单击想要应用的入场动画效果缩略图，可将入场动画效果应用至选中的视频素材。在检查器窗口下方的时间栏可以调整入场动画效果时长，同时预览窗口中也会预览入场动画效果，如图6-6所示。

> **提示**
>
> 如果用户应用了入场动画效果后再应用出场动画效果，在检查器窗口下方的时间栏会将入场动画效果时长和出场动画效果时长同时显示，便于用户把握整体时长。

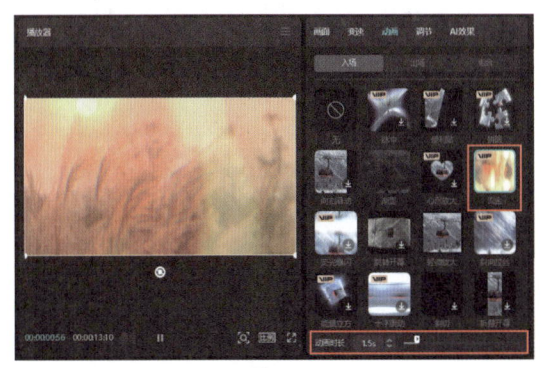

图6-6

6.2.3 组合动画

组合动画效果与入场动画效果、出场动画效果都不一样，入场动画和出场动画只能运用在素材的开始与结尾处，且不重复连续，组合动画效果则是连续、重复、有规律的动画效果。

在时间轴区域选中素材，在"动画"选项下选择"组合"选项，即可查看"组合"动画分类下的动画效果。单击想要应用的组合动画效果缩略图，可将组合动画效果应用至选中的视频素材，同时预览窗口中也会预览应用的组合动画效果，如图6-8所示。

6.2.2 出场动画

出场动画与入场动画相对，是素材消失时的动画效果，添加方式与添加入场动画效果的方式相同。

在"动画"选项下选择"出场"选项，即可查看"出场"动画分类下的动画效果。单击想要应用的出场动画效果缩略图，可应用至选中的视频素材，同时预览窗口中也会预览出场动画效果，如图6-7所示。

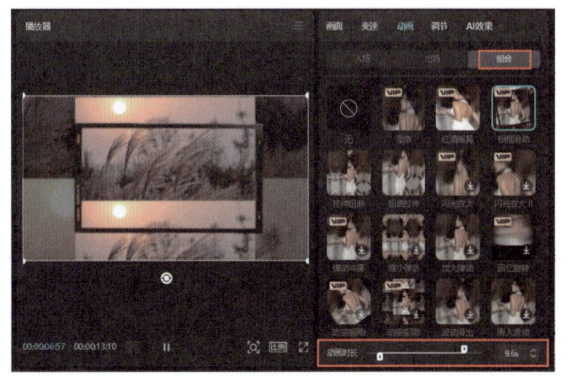

图6-8

应用组合动画效果后，时间轴区域的素材会在底部通过箭头显示动画效果时长，如图6-9所示。

图6-7

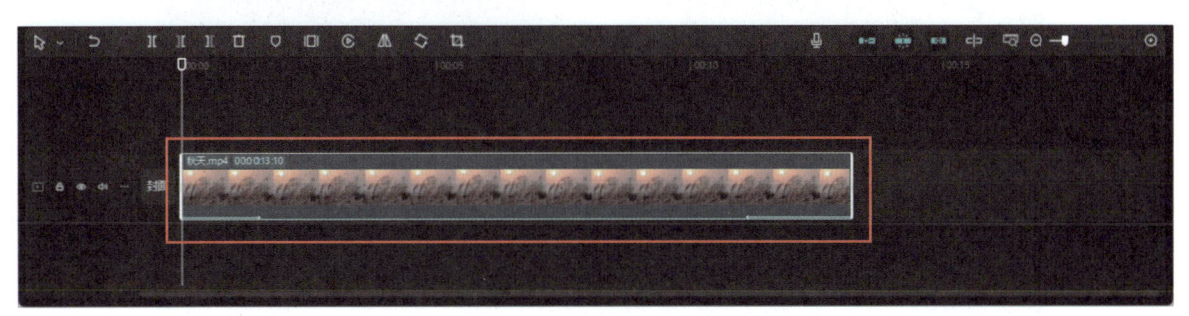

图6-9

83

> **提示**
>
> 如果用户在添加组合动画效果之前已经添加了入场动画效果和出场动画效果，那么组合动画效果仅填充未添加动画效果的空白片段。

6.3 关键帧动画概述

为素材的运动参数添加关键帧，可产生基本的位置、缩放、旋转和不透明度等动画效果，还可以为已经添加至素材的视频效果属性添加关键帧，营造丰富的视觉效果。

6.3.1 关键帧动画原理

关键帧动画通过为素材的不同时刻设置不同的属性，使时间推进的过程产生变换效果。

影片是由一张张连续的图像组成的，每张图像代表一帧。帧是动画中最小单位的单幅影像画面，相当于电影胶片上的一个镜头，在动画软件的时间轴上，帧表现为一格或一个标记。关键帧是动画上关键的时刻，任何动画要表现运动或变化，至少要给出两个不同状态的关键帧，而中间状态的变化和衔接，由剪辑软件自动创建完成，称为过渡帧或中间帧。

用户可以设置动作、效果、音频及其他属性参数制作出连贯自然的动画效果。例如使用关键帧功能制作缩放效果，在视频开头处添加一个关键帧，将时间线往后移动，再次添加一个关键帧，并调整其缩放，缩放前后如图6-10所示，在这两个关键帧中间将出现由小变大的视频画面效果。

图6-10

6.3.2 关键帧制作原理

如果在一条轨道上打上了两个关键帧，并且在后一个关键帧处改变了显示效果，例如放大或缩小画面、移动贴纸或蒙版的位置、修改滤镜等，那么播放两个关键帧之间的轨道时，会出现第一个关键帧所在位置的效果逐渐转变为第二个关键帧所在位置的效果。

关键帧功能可以让一些原本不会移动的、非动态的元素在画面中动起来，还可以让一些后期增加的效果随时间渐变。下面通过运镜效果的制作，讲解关键帧功能的使用方法。

导入视频素材至剪映专业版，添加素材至时间轴区域，选中时间轴区域的素材，在检查器窗口中单击某一参数后的小方块（关键帧图标），即可在时间线所处位置添加关键帧。添加关键帧后，该参数后的关键帧图标会变亮，而没有添加关键帧的参数后的关键帧图标仍是灰色的，同时时间轴区域的素材也会出现关键帧图标，如图6-11所示。

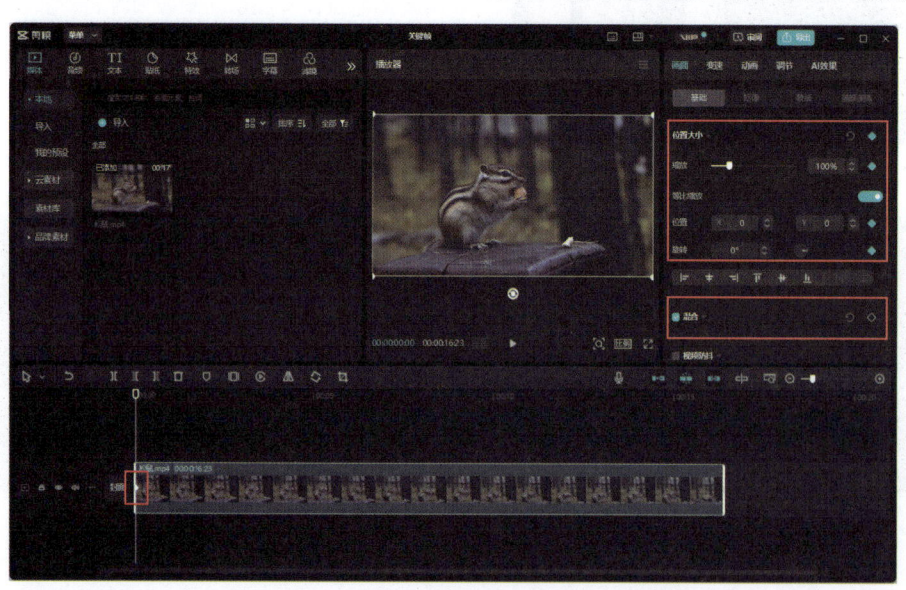

图6-11

将时间线移动至需要添加关键帧的位置，再次单击检查器窗口同样参数后面的关键帧，时间轴区域的素材同样会在时间线所处位置添加一个关键帧，调整参数，如图6-12所示，就完成了简单的运镜效果。

图6-12

添加关键帧不一定要在检查器窗口中单击参数后的关键帧图标，也可以在添加了一个关键帧后，直接调整相对应的参数，此时剪映会自动添加一个关键帧，如图6-13所示。

图6-13

> **提示**
> 添加关键帧后如果想要调整关键帧位置，可以直接拖曳时间轴区域素材的关键帧图标。

剪映中的关键帧添加也与其参数分类有关。若用户单击分类后的关键帧图标，会为该分类下的所有参数都添加关键帧，如图6-14所示。用户单击某一具体参数后的关键帧图标，只会添加该参数对应的关键帧，如图6-15所示。

图6-14

图6-15

> **提示**
> 若添加的关键帧位于素材开始或结尾处，那么时间轴区域显示的关键帧图标仅显示一半；若添加的关键帧位于素材中间，那么时间轴区域显示的关键帧图标是完整的。

6.4 常见的关键帧动画

关键帧作为一个很好用的功能，能够模拟实现各种动画效果。本节介绍几种常用的关键帧动画，帮助用户快速上手使用关键帧功能。

6.4.1 缩放关键帧

缩放关键帧作为常用的关键帧动画效果，调整素材的缩放大小，可以模拟一些运镜效果，以此减少前期拍摄工作的工作量。

在剪映专业版中添加素材至时间轴区域，选中时间轴区域的素材，移动时间线至素材开始处，在检查器窗口中添加一个缩放关键帧，并调整该关键帧参数，如图6-16所示。

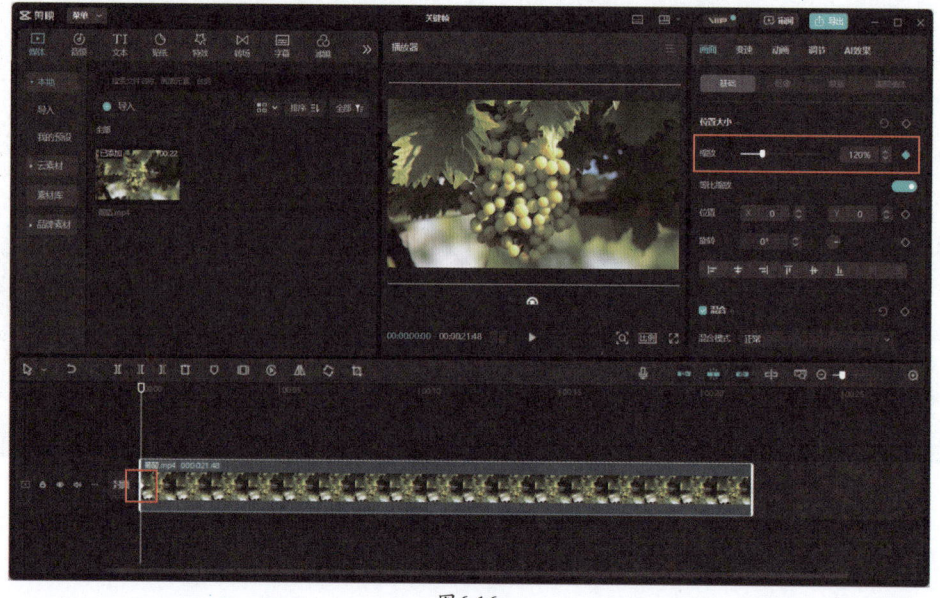

图6-16

将时间线稍稍后移，再次添加一个关键帧，并调整关键帧参数，如图6-17所示。

图6-17

完成操作后，预览视频画面效果，缩放前后对比如图6-18和图6-19所示。

图6-18

图6-19

6.4.2 旋转关键帧

旋转关键帧效果是结合关键帧功能实现素材播放时的效果。

在剪映专业版中添加素材至时间轴区域。在"贴纸"选项下找到合适的贴纸效果，添加至时间轴区域。选中贴纸素材，在贴纸素材开始处添加一个关键帧，如图6-20所示。

调整该关键帧处的参数，如图6-21所示。将时间线移至00:01:05处，再次添加一个关键帧，调整该关键帧参数，即可实现旋转关键帧效果，如图6-22所示。

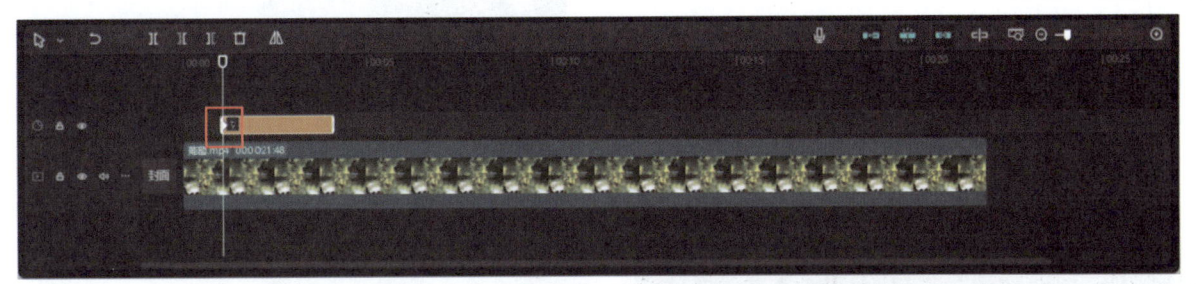

图6-20

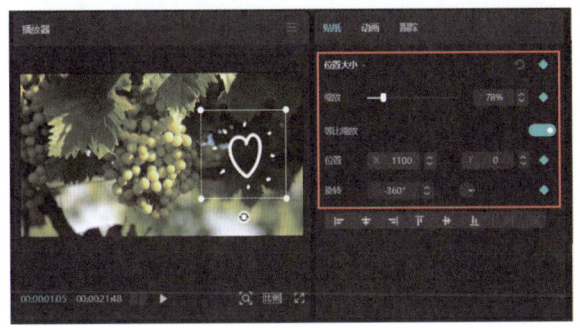

图6-21

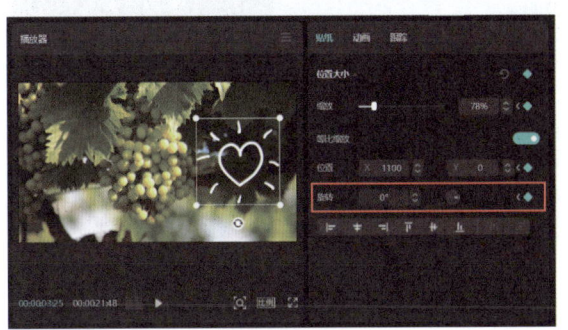

图6-22

完成操作后，预览视频画面效果，旋转关键帧前后对比如图6-23和图6-24所示。

图6-23

图6-24

6.4.3 位置关键帧

在剪映中结合关键帧功能调整素材位置，能够制作素材移动或进入画面、退出画面等动画效果。

在剪映专业版中添加视频素材至时间轴区域。在"贴纸"选项下选择合适的贴纸素材添加至时间轴区域，并适当延长贴纸素材时长。移动时间线至00:03:00位置，添加一个关键帧，调整该关键帧参数，如图6-25所示。

图6-25

将时间线移至00:03:25处，再次添加一个关键帧，并适当调整关键帧参数，即可通过关键帧实现位置移动效果，如图6-26所示。

图6-26

完成操作后，预览视频画面效果，位置移动前后对比如图6-27和图6-28所示。

图6-27

图6-28

6.4.4 透明度关键帧

剪映中的淡入淡出效果有时不甚理想，使用透明度关键帧能够制作出同样的效果，并根据用户创作需求制作。

在剪映专业版中将两段视频素材添加至时间轴区域，调整一段视频素材至画中画轨道，并调整视频素材时长，如图6-29所示。

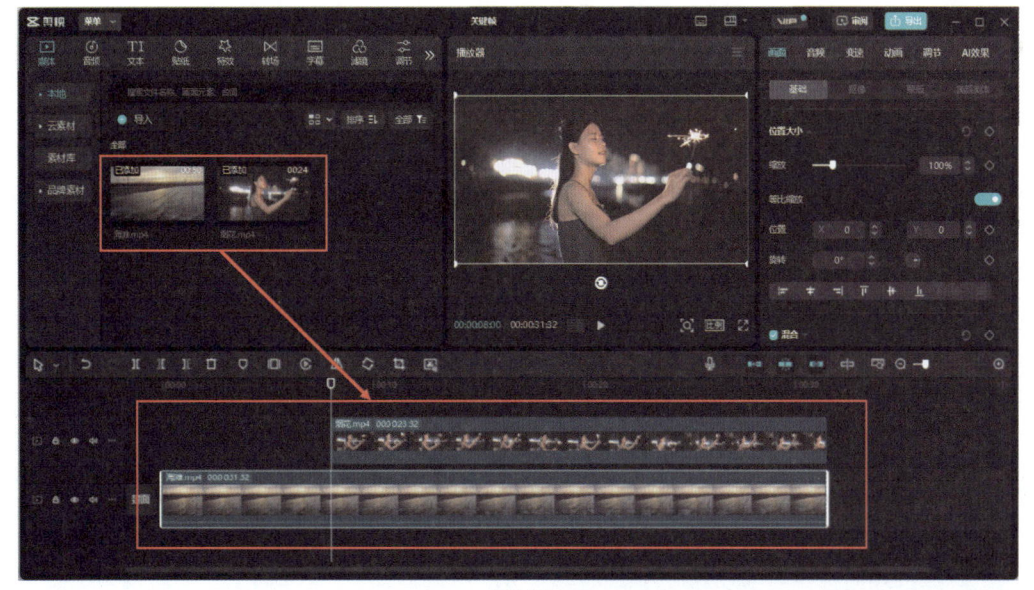

图6-29

移动时间线至00:08:00位置，选中主轨道的视频素材，添加一个不透明度关键帧，如图6-30所示。

图6-30

选中画中画轨道的素材，添加一个不透明度关键帧，并调整该关键帧参数，如图6-31所示。

图6-31

移动时间线至00:10:00位置，选中画中画轨道的视频素材，再次添加一个不透明度关键帧，并调整该关键帧参数，如图6-32所示。

图6-32

选中主轨道的视频素材，添加一个不透明度关键帧，并调整该关键帧参数，如图6-33所示。

图6-33

完成操作后，预览视频画面效果，变化前后对比如图6-34~图6-36所示。

图6-34

图6-35

图6-36

6.5 应用案例：复古风滚动相册

滚动相册结合复古风很有特色，本节结合前面所学知识，使用剪映专业版中的关键帧功能和特效功能，制作一个复古风滚动相册。下面介绍详细的制作过程。

STEP 01 导入"复古1.jpg"~"复古9.jpg"图片素材至剪映专业版，添加图片素材至时间轴区域，如图6-37所示。

图6-37

STEP 02 调整每张图片素材的时长为5秒30帧，如图6-38所示。

图6-38

STEP 03 单击"特效"按钮，切换至"特效"选项，在"画面特效"选项的"边框"分类下，选择合适的边框特效，将其添加至时间轴区域的素材中，如图6-39所示。

图6-39

STEP 04 移动时间线至"复古1.jpg"图片素材开始处，添加一个关键帧，并调整该关键帧参数，如图6-40所示。

图6-40

STEP 05 移动时间线至"复古1.jpg"图片素材结束处，再次添加一个关键帧，并调整关键帧参数，如图6-41所示。

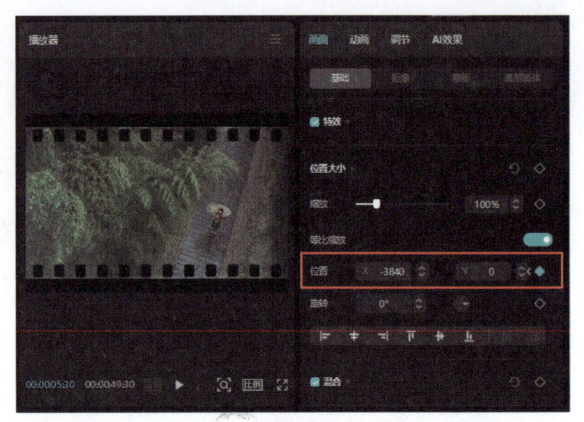

图6-41

STEP 06 单击"主轨磁吸"按钮，关闭主轨磁吸功能，移动时间线至00:02:45位置，此时"复古1.jpg"图片素材正好覆盖画面全屏。移动"复古2.jpg"图片素材至画中画轨道，如图6-42所示。

图6-42

STEP 07 选中"复古2.jpg"图片素材，单击常用工具栏中的"裁剪"按钮，使用裁剪功能，调整素材画面大小与"复古1.jpg"图片素材画面大小一致，让"复古2.jpg"图片素材在没有调整缩放的情况下也能覆盖预览界面，如图6-43所示。

图6-43

STEP 08 在"复古2.jpg"图片素材开始处，添加一个关键帧，并调整关键帧参数，如图6-44所示。

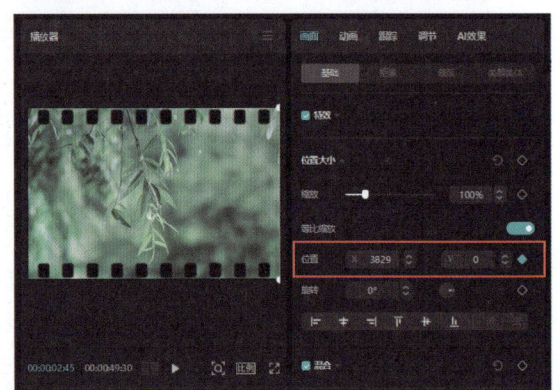

图6-44

STEP 09 在"复古2.jpg"图片素材结束处，添加一个关键帧，并调整关键帧参数，如图6-45所示。

图6-45

STEP 10 将"复古3.jpg"图片素材向前移动,如图6-46所示。同时因为该素材大小与"复古1.jpg"素材大小一致,故本素材不用使用裁剪功能调整画面大小。

STEP 11 参考STEP 08和STEP 09,为"复古3.jpg"素材添加关键帧,并调整关键帧参数,如图6-47所示。

STEP 12 对后面的素材进行同样的操作,调整素材在时间轴区域的位置,裁剪画面,使素材画面大小保持一致,并在素材开始与结尾处添加关键帧,调整关键帧参数制作滚动动画效果,如图6-48所示。

STEP 13 选中"复古9.jpg"图片素材,移动时间线至00:24:45位置,添加一个关键帧,调整该关键帧的位置参数为(X:0,Y:0),并删除该素材结尾处的关键帧,仅保留该素材开始处与中间位置的关键帧,如图6-49所示。

图6-46

图6-47

图6-48

图6-49

STEP 14 选中时间轴区域的所有素材，按Alt+G组合键，新建复合片段，使所有素材形成一个完整的片段，便于后续剪辑。这样不会因为操作打乱素材，也能保持时间轴区域的干净清爽，如图6-50所示。

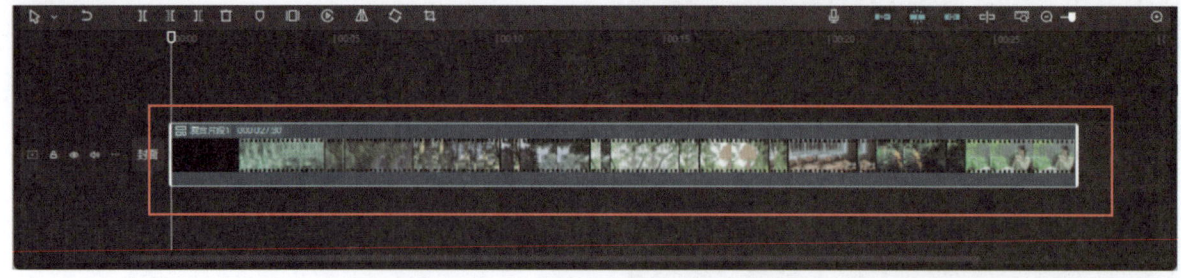

图6-50

STEP 15 切换至剪映"素材库"，在剪映"素材库"的"热门"分类下，找到透明素材，将其添加至时间轴区域，并移动复合片段至画中画轨道，如图6-51所示。

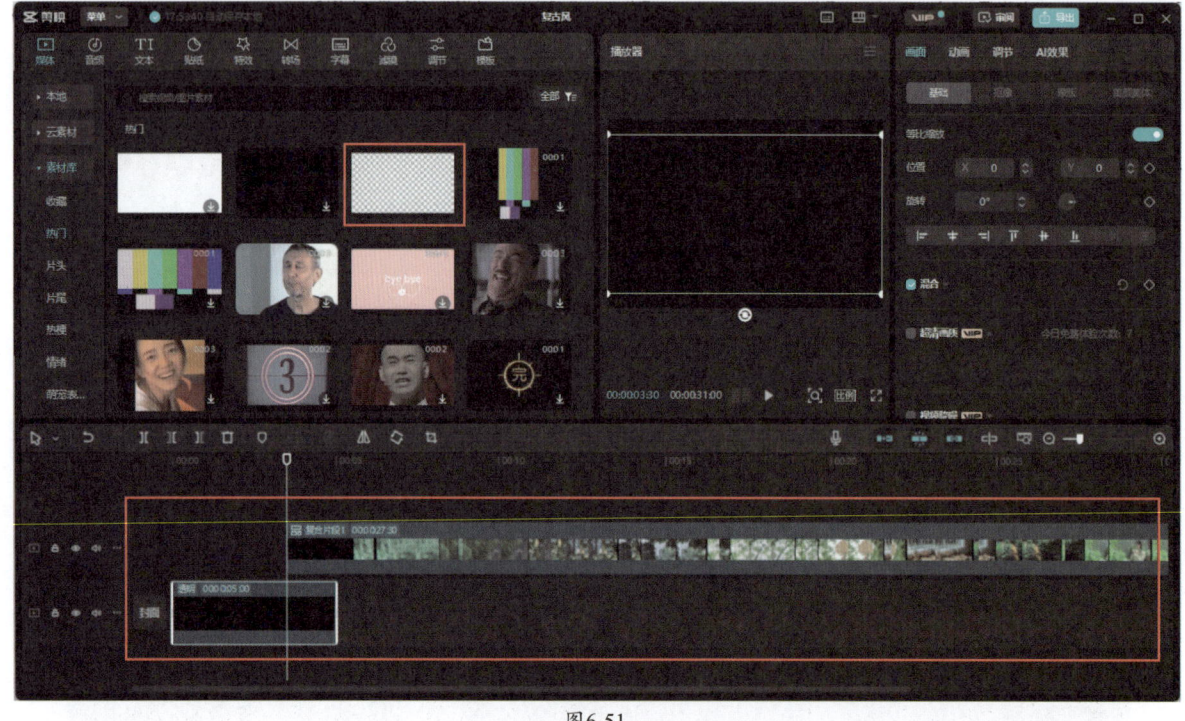

图6-51

STEP 16 选中时间轴区域的透明素材，在检查器窗口中为其添加背景样式，如图6-52所示。单击"应用全部"按钮，将背景效果应用至所有素材。

STEP 17 移动时间线至素材开始处，单击"贴纸"按钮，在"贴纸"选项的"线条风"分类下找到合适的贴纸效果，将其添加至时间轴区域，并调整贴纸素材时长，如图6-53所示。

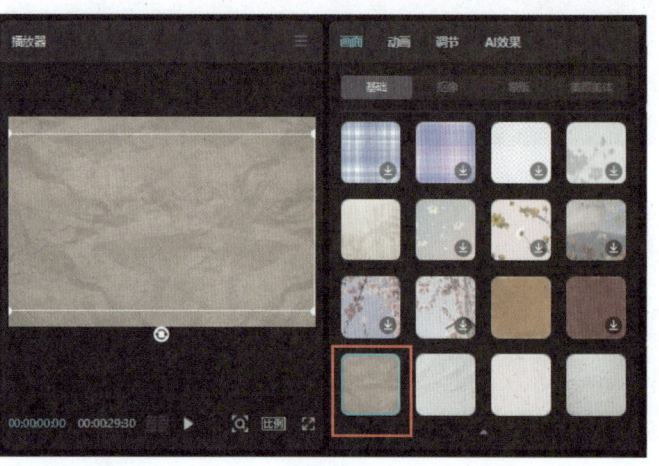

图6-52

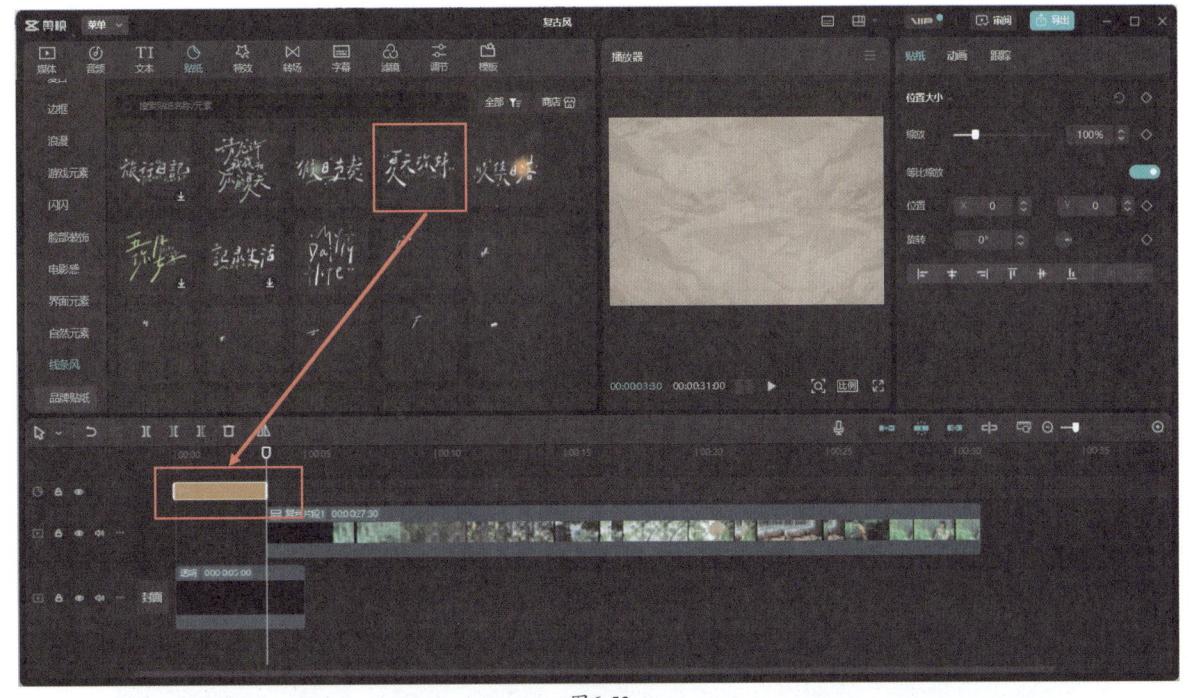

图6-53

STEP 18 切换至"音频"选项，在剪映音乐库的"纯音乐"分类下，找到合适的背景音乐，将其添加至时间轴区域，并调整背景音乐时长与素材时长一致，如图6-54所示。

图6-54

STEP 19 切换至"特效"选项，在搜索框中输入"柔光"，搜索到该效果后，将其添加至时间轴区域，并调整特效时长与素材时长一致，如图6-55所示。

图6-55

STEP 20 移动时间线至00:08:00位置，调整主轨道透明素材的时长为8s，如图6-56所示。

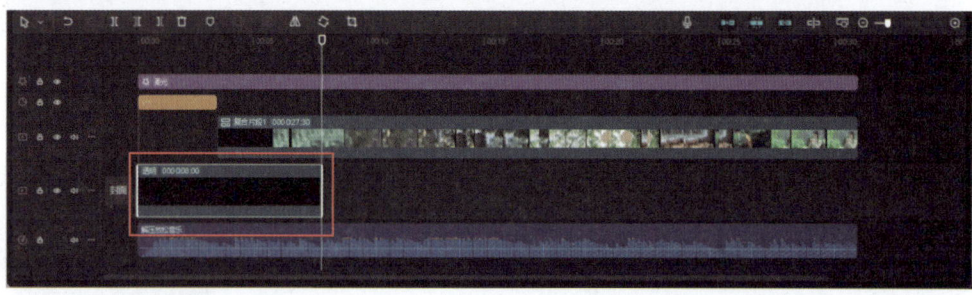

图6-56

STEP 21 完成操作后，预览视频画面效果，如图6-57所示。

图6-57

6.6 拓展练习：小清新旅行相册

旅行时忍不住拍摄下旅途中的风景，并做成小清新旅行相册，这是一种很棒的记忆承载。请读者结合前面所学知识，使用剪映专业版的关键帧功能、滤镜功能和特效功能，制作一个小清新旅行相册短视频，如图6-58所示。

图6-58

6.7 拓展练习：汇聚照片墙相册

汇聚照片墙是抖音常见的动感相册形式之一，

请读者结合前面所学知识，使用剪映专业版的动画功能和关键帧功能，制作一个汇聚照片墙相册短视频，如图6-59所示。

图6-59

6.8 拓展练习：3D运镜相册

3D运镜相册极具动感，深受广大用户喜爱，请读者结合前面所学知识，使用剪映专业版的AI特效功能、关键帧功能和转场功能，制作一个3D运镜相册短视频，如图6-60所示。

图6-60

第 7 章
快闪视频——音频效果的应用

抖音经常会出现一些具有吸引力的短视频,其精巧的构思和酷炫的特效让人忍不住反复观看。快闪视频就是抖音最热门的短视频类型之一。本章将结合快闪视频,为读者介绍音频效果的应用。

7.1 快闪视频概述

快闪视频是抖音一种热门的短视频类型,常用于展示日常生活片段、旅行记录、创意作品和潮流文化等,能够迅速抓住观众的注意力,激发观众的兴趣和参与感。

7.1.1 认识快闪视频

快闪视频作为一种独特的短视频形式,近年来在社交媒体平台迅速崛起,尤其在抖音成为用户热衷的短视频类型。其快速变化的画面、强烈的节奏感和创意的剪辑风格,不仅吸引了大量观众的关注,也为内容创作者提供了广阔的表达空间。

不同于其他的短视频,快闪视频的独特之处在于其高频率的视觉冲击力。与传统的视频形式相比,快闪视频通过快速切换的场景和画面,营造出强烈的视觉效果,如图7-1所示。这种快速变化的特点使观众在短时间内能够接收大量的信息,从而保持高度的注意力。无论是记录日常生活的点滴,还是展示创意作品,快闪视频都能够以其快速而强烈的视觉呈现,迅速抓住观众的眼球。

图7-1

相较于其他短视频,快闪视频更强调节奏感和音乐的结合。背景音乐在快闪视频中扮演着至关重要的角色,与画面的同步和配合,增强视频的整体效果和感染力。快速切换的画面和动感十足的音乐节奏相辅相成。如图7-2所示,配合使用以鼓作为主要乐器的背景音乐来制作快闪视频。通过将视频画面和音乐节奏相结合的方式,使快闪视频更加生动和富有活力。观众在欣赏视频的同时,能够通过音乐和画面的双重刺激,获得更为深刻和愉悦的观赏体验。

图7-2

此外,快闪视频的创意性和灵活性为内容创作者提供了丰富的表达方式。创作者可以通过多样化的剪辑手法和创意构思,将看似平凡的素材转化为具有视觉冲击力和艺术感的作品。这种高度自由的创作形式,激发了创作者的创新思维,使得快闪视频成为展示个人才华和表达独特观点的重要表现形式。

7.1.2 镜头设计技巧

由于快闪视频具有快速切换和高度动态的特性,所以在剪辑过程中,需要精心策划设计镜头,以确保每一幅画面都能够在短时间内传递有效的信息和视觉冲击力。

1. 根据音乐节奏安排镜头

镜头切换的节奏和频率是快闪视频的核心特色之一。为了保持观众的注意力,镜头切换需要快速而富有节奏感。创作者可以根据背景音乐的节奏,巧妙地安排镜头的切换时间,使画面与音乐同步,从而增强视频的整体效果和感染力。例如，在音乐节奏较快的部分，可以快速切换镜头，增强视觉冲击力；在音乐节奏较慢的部分，则可以适当延长镜头时间，突出画面的细节和情感。

2. 使用不同手法拍摄素材

多样化的镜头角度和拍摄手法能够提升视频的视觉效果。在快闪视频中，创作者可以尝试使用不同的拍摄角度和手法，如俯拍、仰拍、特写、广角等，以增加画面的多样性和层次感。

例如，特写镜头可以突出细节和情感，如图7-3所示；广角镜头可以展示宏大的场景和背景。这种多样化的镜头设计，不仅丰富了视频的视觉元素，也增强了观众的观赏体验。

图7-3

镜头的构图和色彩的搭配也是设计中的重要方面。快闪视频的每个镜头时间短暂，但构图和色彩的合理运用，能够在短时间内传递强烈的视觉信息。创作者应注意镜头的构图美感，利用对称、三分法等构图技巧，使画面更具艺术性。同时，色彩搭配要和谐统一，既要突出主题，又要避免视觉上的冲突和杂乱。例如，使用相近色或对比色，可以营造出和谐或强烈的视觉效果。图7-4所示画面工人手中暖色调的火花和工人身上冷色调的衣服、高光形成对比，营造强烈的视觉效果。

图7-4

7.2 添加音频素材

在剪映中，用户可以自由地调用音乐素材库中不同类型的音乐素材，或是音效素材库中不同类型的音效素材。音乐素材和音效素材的叠加，能够让观众更加沉浸在视频中。此外剪映还支持用户将抖音等短视频平台的音乐添加至剪辑项目中。

7.2.1 剪映音乐库

剪映音乐库中有着非常丰富的音频资源，并且对这些音频进行了分类，如"纯音乐""Volg""动感""轻快"等，便于用户查找合适的背景音乐。

在剪映专业版中导入素材，单击"音频"按钮，切换至"音频"选项，在"音乐素材"选项下即可看到剪映音乐库，如图7-5所示。剪映音乐库对音乐进行了细致的分类，并单独分出了"推荐音乐"，便于用户根据音乐类别快速挑选适合的背景音乐。

图7-5

在音乐库中，单击任意一首音乐，剪映会自动下载该音乐素材，并在下载完成后自动进行音乐试听，试听时在"音频"选项下方会开启试听进度条，如图7-6所示。

图7-6

试听结束后，想要添加该音乐素材，只需要单击音乐素材缩略图右下角的"添加"按钮，或拖曳该音乐素材，即可添加至时间轴区域，如图7-7所示。

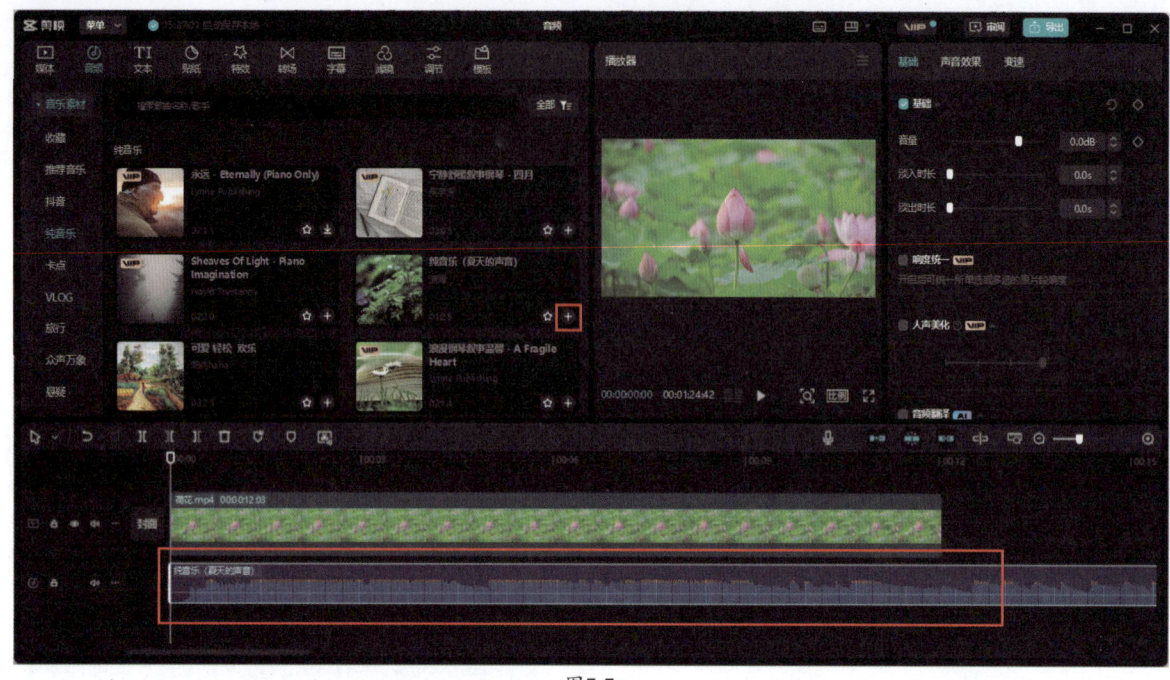

图7-7

7.2.2 抖音收藏音乐

剪映作为一款与抖音直接关联的短视频剪辑软件，支持用户在剪辑项目中添加抖音中的音乐。

用户在抖音App中，单击视频播放界面右下角CD形状的按钮，如图7-8所示。进入收藏原声界面，单击"收藏原声"按钮，即可收藏该视频的背景音乐。收藏后按钮显示为"已收藏"，如图7-9所示。

图7-8 　　　　　　图7-9

启动剪映专业版，切换至"音频"选项，在"抖音收藏"选项可查看之前收藏的音乐，如图7-10所示。

添加抖音收藏的音乐与添加音乐库中的音乐素材一样，拖曳素材或单击素材缩略图右下角的"添加"按钮，即可将素材添加至时间轴区域，如图7-11所示。

图7-10

图7-11

7.2.3 链接下载音乐

除了可以通过"抖音收藏"使用抖音的音乐，也可以通过链接下载音乐的方式使用抖音的音乐。

打开抖音App，单击视频播放界面的"分享"按钮，如图7-12所示。在"分享给朋友"界面点击"分享至"按钮，如图7-13所示，即可复制视频链接，如图7-14所示。

图7-12 　　　　　图7-13 　　　　　图7-14

101

复制链接后，启动剪映专业版，单击"音频"按钮，切换至"音频"选项，在"链接下载"界面的输入框中粘贴链接，单击"下载"按钮，即可下载音频素材，如图7-15所示。

图7-15

下载的音频素材添加方式和添加剪映音乐库中的素材方式一致。

7.2.4 提取视频音乐

有时看到视频，被视频里的背景音乐吸引，但是不知道背景音乐名字，也无法通过链接下载使用该视频里的背景音乐，这时就可以使用剪映的音频提取功能，将视频中的背景音乐分离出来。

启动剪映专业版，导入一段素材，切换至"音频"选项，切换至"音频提取"界面，如图7-16所示。

图7-16

拖曳视频素材至"导入"框，导入素材后剪映会自动提取音频素材，如图7-17所示。

图7-17

添加提取的音乐素材方式与添加剪映音乐库中的音频素材方式一样。

7.2.5 添加音效素材

在视频中添加和画面内容相符合的音效，可以大幅度增强视频的代入感，让观众更有沉浸感。剪映自带的音效资源非常丰富，其添加方法和添加背景音乐的方法类似。

启动剪映专业版，在剪映专业版中导入一段素材，切换至"音频"选项，在"音效素材"界面，可看到剪映音效库，如图7-18所示。

图7-18

剪映对音效素材进行了分类，例如"笑声""人声""环境音"等，便于用户寻找合适的音效素材。同时剪映也提供了热门音效素材推荐，这样用户就可以快速找到当下互联网热门的音效素材，迅速打造极具网感的短视频。

音效素材与音乐素材一样，都可以进行试听。只需要单击音效素材进行下载，下载完成后剪映会开始播放音效素材，如图7-19所示。

图7-19

添加音效素材的方式与添加音乐素材的方式类似，单击音效素材后的"添加"按钮，或是直接拖曳素材至时间轴区域，即可完成素材的添加，如图7-20所示。

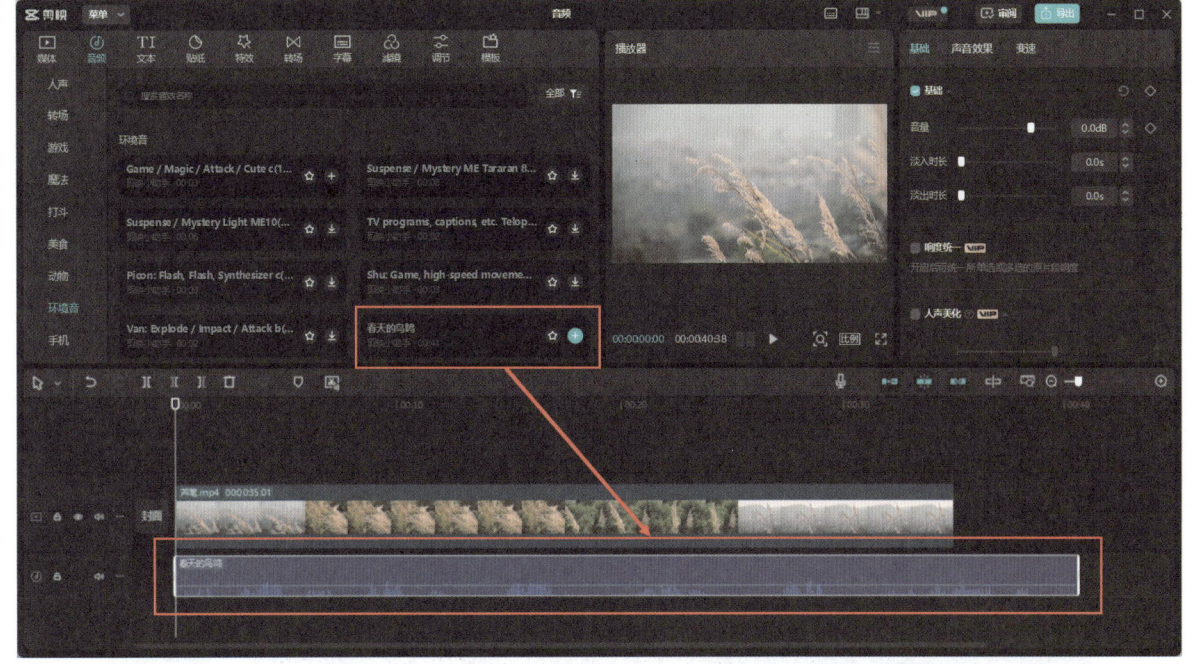

图7-20

7.3 音频素材的处理

剪映为用户提供了较为完备的音频处理功能，支持用户在剪辑项目时对音频素材进行淡化、变声、变速等处理。

7.3.1 调节音量

如果时间轴区域存在多条音频轨道，想让视频的声音更有层次感，可以单独调节某条音频轨道素材的音量。在一个剪辑项目中添加一段音频素材后，选中音频素材，在检查器窗口中调整音量大小即可，如图7-21所示。

图7-21

时间轴区域的音频素材有一条横线，如图7-22所示，这条横线就是音量线。

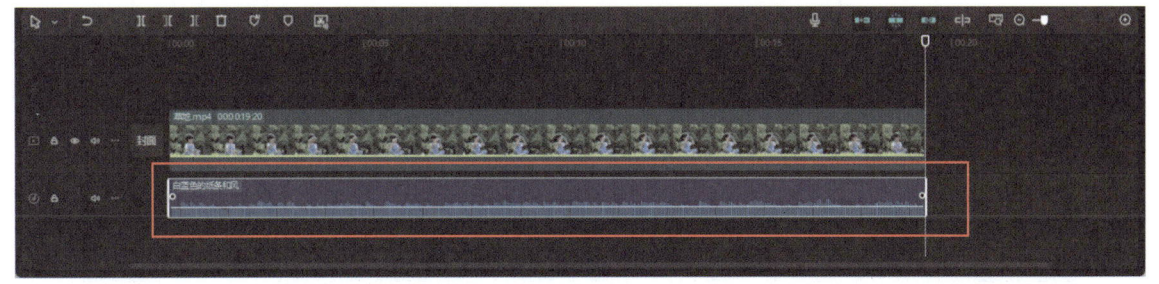

图7-22

103

移动光标至音量线，光标会出现变化，按住鼠标左键，向上或者向下拖曳都可以调整音量大小，如图7-23所示。向上拖曳音量线，将音量调大；向下拖曳音量线，将音量调小。

图7-23

7.3.2 视频静音

剪辑时视频原声对于剪辑的影响很大，这时需要对视频素材进行静音操作。将视频静音后再进行剪辑就简单很多。

在剪映专业版中导入一段有视频原声的视频素材，选中该视频素材，在检查器窗口中切换至"音频"选项，调整音量后即可实现视频静音，如图7-24所示。也可以将光标移至视频素材的音量线上，拖曳调整音量大小。

图7-24

也可以在时间轴区域选中视频素材，右击，在弹出的快捷菜单中选择"分离音频"选项，如图7-25所示。

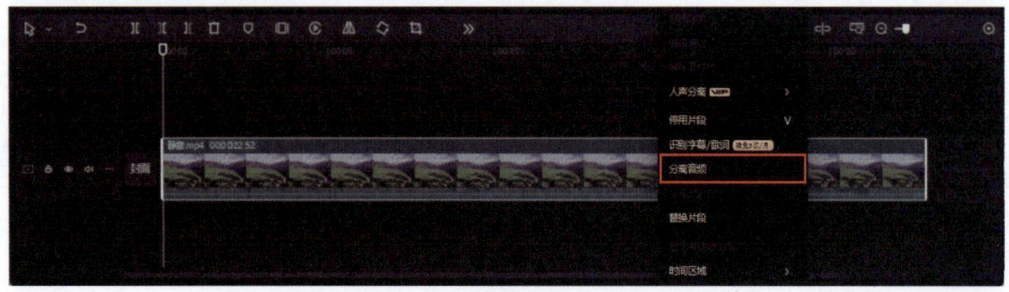

图7-25

分离后时间轴区域如图7-26所示。将分离出来的音频素材删除，即可实现视频素材的静音。

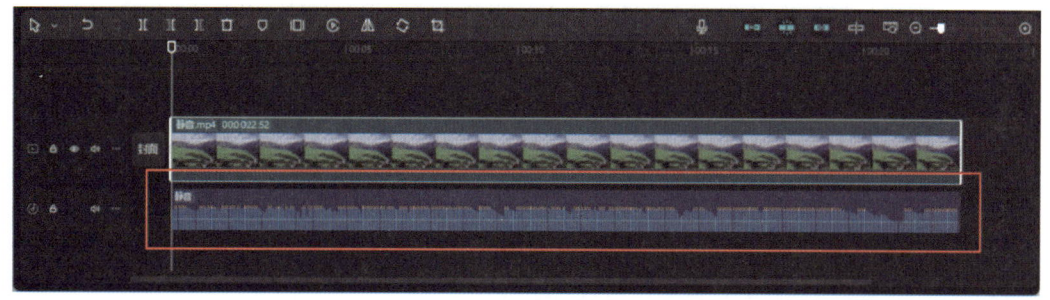

图7-26

如果不想删除视频素材中的音频，可以单击主轨道前面的"关闭原声"按钮，此时该按钮会变化为"开启原声"按钮，剪映会提示"轨道已经静音"，如图7-27所示。

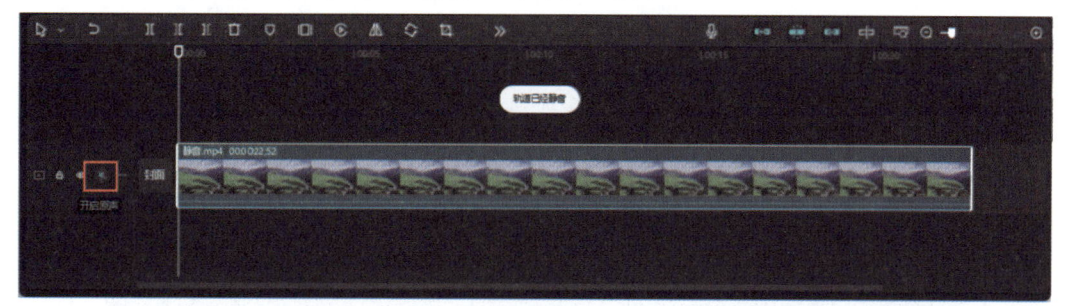

图7-27

7.3.3 淡化效果

对于一些没有前奏和尾声的音频素材，在其前后添加淡化效果，可以有效降低音乐出入场时的突兀感；在两个衔接音频之间添加淡化效果，可以使音频之间的过渡更加自然。

选中时间轴区域的素材，在检查器窗口中切换至"音频"选项，调整"淡入时长"和"淡出时长"，即可实现音频的淡化效果，如图7-28所示。

图7-28

添加淡化效果后，时间轴区域的素材也会出现相应的变化，如图7-29所示。

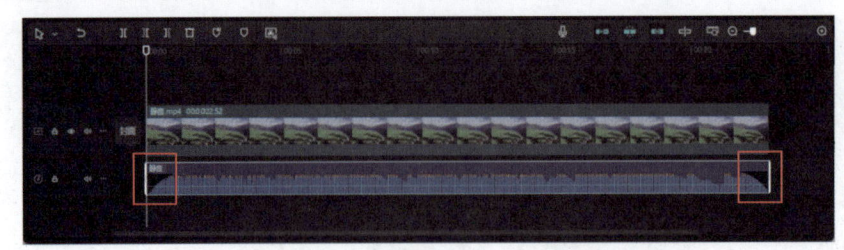

图7-29

7.3.4 音频变速

进行视频编辑时，为音频进行恰到好处的变速处理，可以增强视频的趣味性。

选中时间轴区域的音频素材，在检查器窗口中切换至"变速"选项，即可调整音频素材的变速倍数，如图7-30所示。可以直接调整音频素材的变速倍数，或者调整音频素材的时长，实现音频变速的操作。

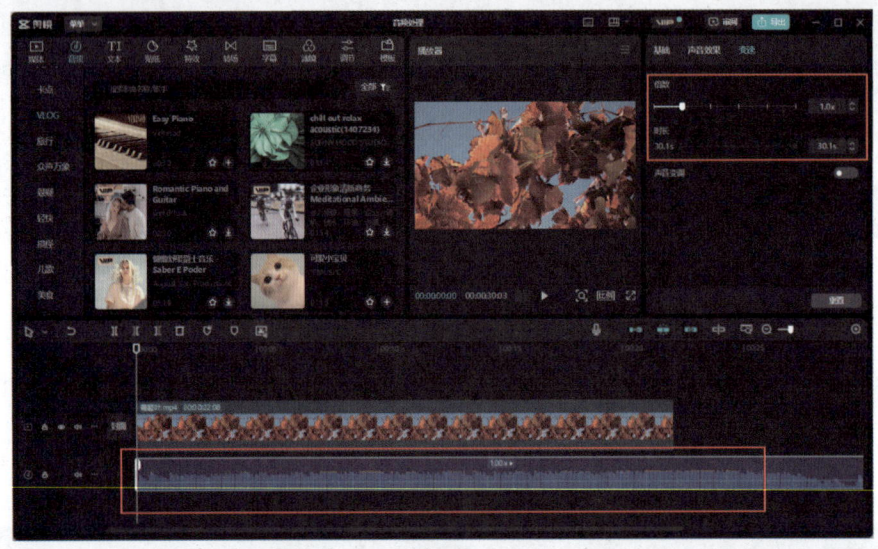

图7-30

以调整音频素材时长为例，更改音频素材时长后，剪映会自动为音频素材进行变速操作，如图7-31所示。时间轴区域的音频素材也会显示音频素材的变速倍数。

图7-31

> **提示**
> 视频素材可以进行曲线变速，但音频素材不可以。变速后的音频素材难免会出现一些瑕疵，用户在进行变速操作时应注意选择合适的倍数，以获得更好的视频效果。

7.3.5 音频变声

抖音的很多短视频，为了视频效果，会对声音进行变声处理。例如，将搞怪的声音和幽默的话语相结合，引得观众捧腹大笑。

对视频原声或者音频素材进行变声处理，在一定程度上可以强化人物的情绪，对于一些趣味性或者恶搞类短视频来说，音频变声功能可以很好地增强视频的幽默感。

导入一段视频素材，选中时间轴区域的视频素材，在检查器窗口中切换至"音频"选项，再切换至"声音效果"选项，选择声音效果后，剪映会自动对音频部分进行处理，为其添加声音效果，如图7-32所示。

图7-32

7.3.6 录制声音

剪映的录音功能可以实时在剪辑项目中完成旁白的录制和编辑工作。使用剪映录制旁白前，最好佩戴上耳机、耳麦。如果有条件，配备专业的录制设备，能够有效提升声音质量。

开始录音前，先将时间线移动至素材开始处，单击常用工具栏中的"录音"按钮 🎤（图7-33），剪映会弹出录制框，便于用户进行录音，同时在录制框中，用户也可以进行一些设置。单击"录制"按钮，即可开始录音，如图7-34所示。

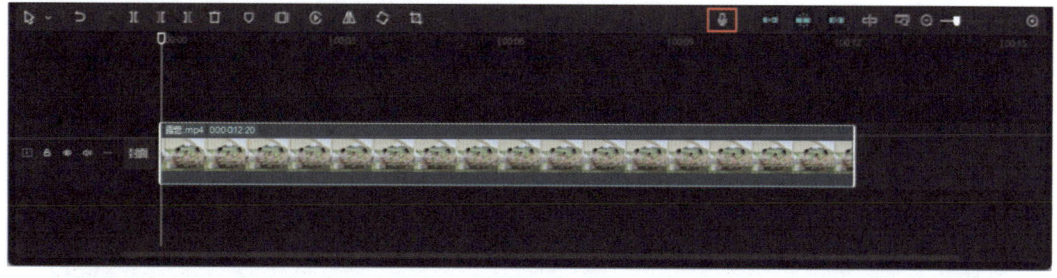

图7-33

7.4 音乐的踩点操作

对音频素材进行踩点操作，可以制作音乐卡点视频或快闪视频。将视频画面的每一次转换与音乐鼓点相匹配，可以增强视频的节奏感。

7.4.1 手动踩点

剪映中的踩点分为手动踩点和自动踩点。手动踩点可以随心所欲地标记音乐节拍点。

选中时间轴区域的音频素材，移动时间线至需要添加标记的位置，单击常用工具栏中的"添加标记"按钮，如图7-35所示，即可在音频素材上添加一个标记点。

图7-34

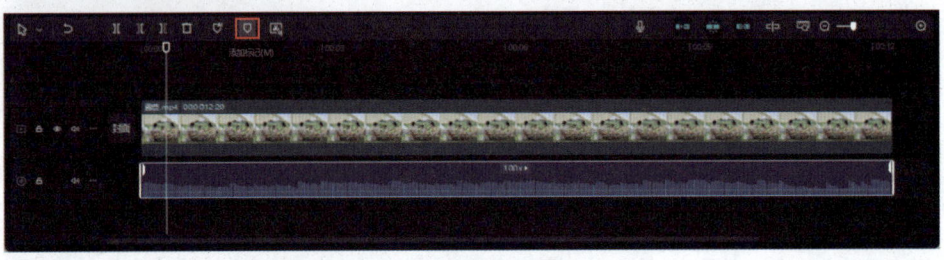

图7-35

添加标记点后，时间轴区域的音频素材会出现一个标记点，原有的"添加标记"按钮会变为"删除标记"按钮，如图7-36所示。单击该按钮即可删除时间线所处位置上的标记点。

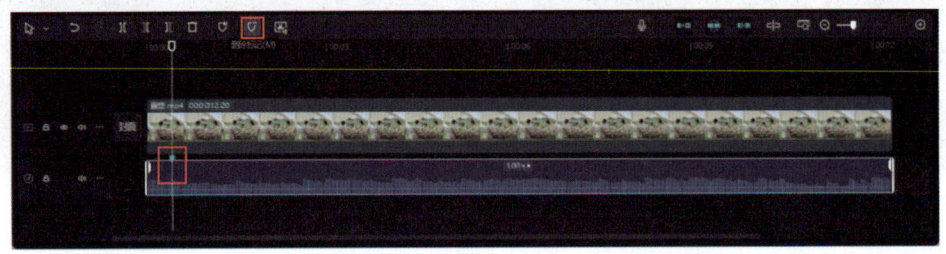

图7-36

7.4.2 自动踩点

使用视频剪辑软件制作卡点视频时，往往需要一边试听音频效果，一边手动标记节奏点，这样既费时又费力。因此制作音乐卡点、快闪视频让很多新手望而却步。剪映推出的自动踩点功能，可以快速分析选中的音频素材，自动生成节奏标记点。

选中时间轴区域的音频素材，单击常用工具栏中的"添加音乐节拍标记"按钮，如图7-37所示。

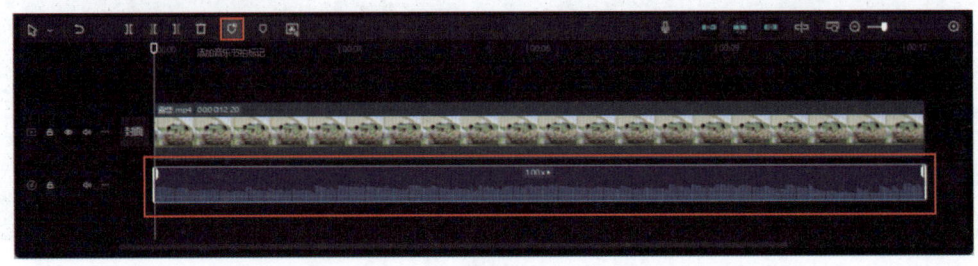

图7-37

展开自动踩点下拉列表，如图7-38所示。选择"踩节拍Ⅰ"或是"踩节拍Ⅱ"选项，制作合适的踩点效果。

图7-38

"踩节拍Ⅰ"为添加节奏较慢的节拍标记点，如图7-39所示。

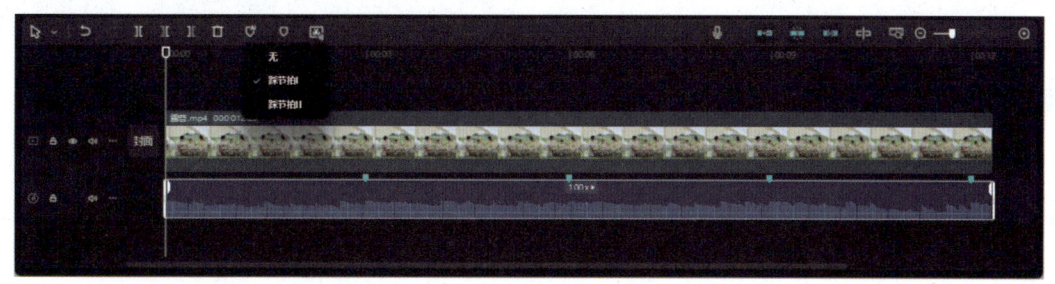

图7-39

"踩节拍Ⅱ"为添加节奏较快的节拍标记点，如图7-40所示。

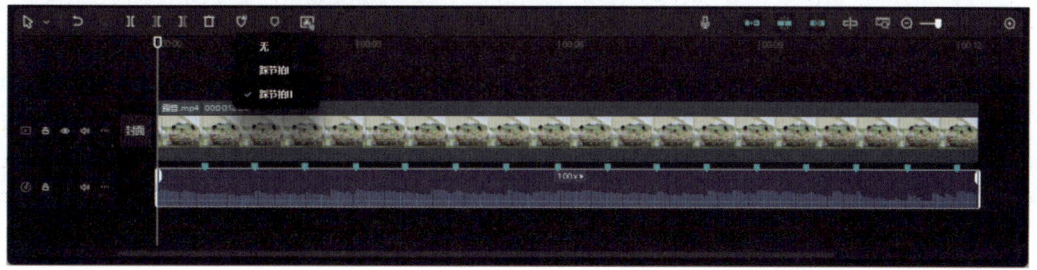

图7-40

7.4.3 抽帧卡点

抽帧是将视频中的一部分画面删除。当删除推镜或者拉镜视频中的一部分画面时，就会形成景物突然放大或缩小的效果。这种效果随着音乐节拍的出现，就是抽帧卡点效果。

在剪映中导入一段素材，添加背景音乐后，选中背景音乐，单击"添加音乐节拍标记"按钮，选择"踩节拍Ⅱ"选项，即可添加音乐节拍标记，如图7-41所示。

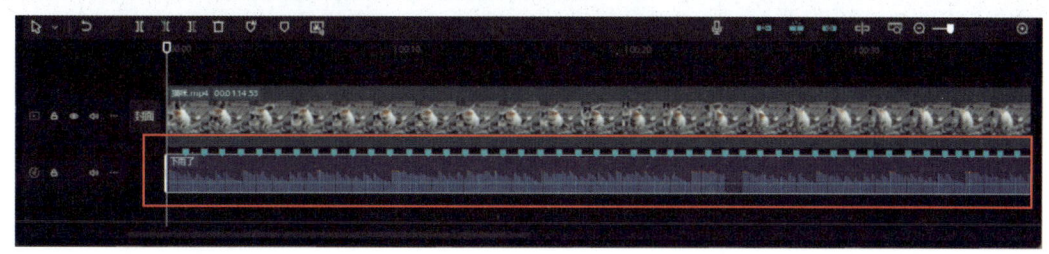

图7-41

移动时间线至第1个节拍点，选中视频素材，单击常用工具栏中的"分割"按钮，分割视频素材，如图7-42所示。

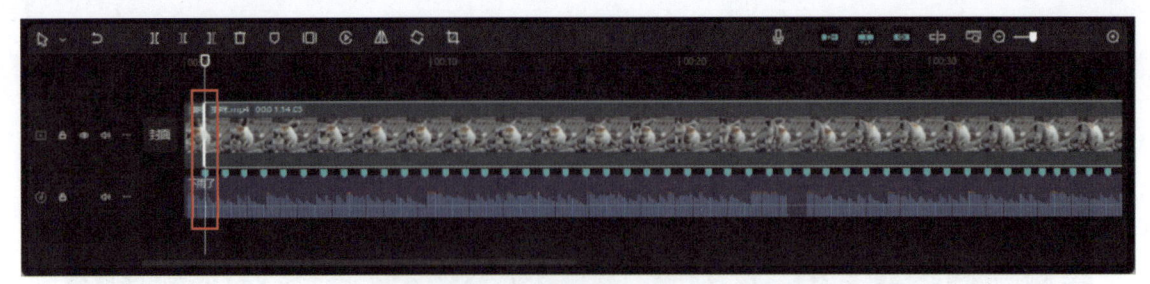

图7-42

移动时间线至第2个节拍点，选中视频素材，单击常用工具栏中的"分割"按钮，分割视频素材，如图7-43所示。

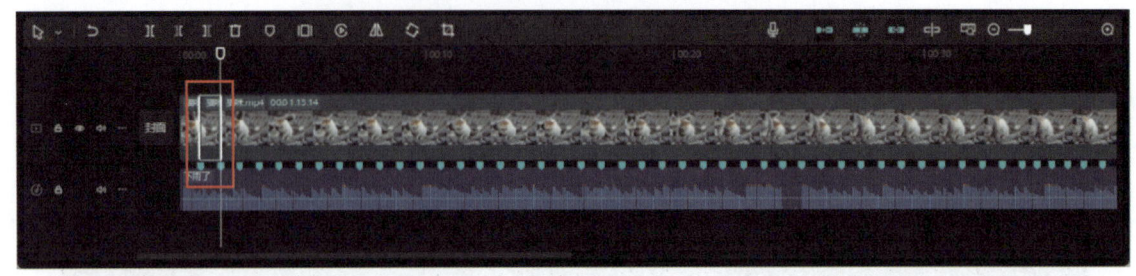

图7-43

选中分割后的小片段，单击常用工具栏中的"删除"按钮，删除该片段，如图7-44所示。

图7-44

对后面的节拍点执行同样的操作，效果如图7-45所示。

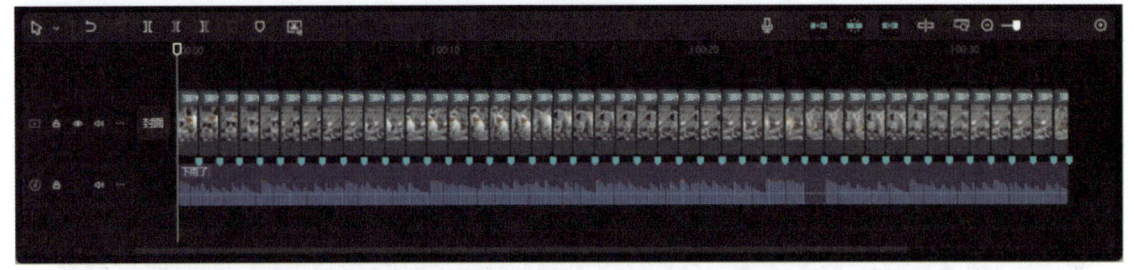

图7-45

将中间的片段删除后，两段视频会直接衔接起来，这样就有了抽帧的效果。

7.5 应用案例：城市宣传快闪视频

在制作城市宣传片时，使用快闪视频这一形式能够迅速吸引观众的注意力。请读者结合前面所学知识，使用剪映专业版中的音频功能和字幕功能，制作一个城市宣传快闪视频。下面介绍详细的制作方法。

STEP 01 导入"城市1.jpg"～"城市11.jpg"素材至剪映专业版，添加素材至时间轴区域，如图7-46所示。

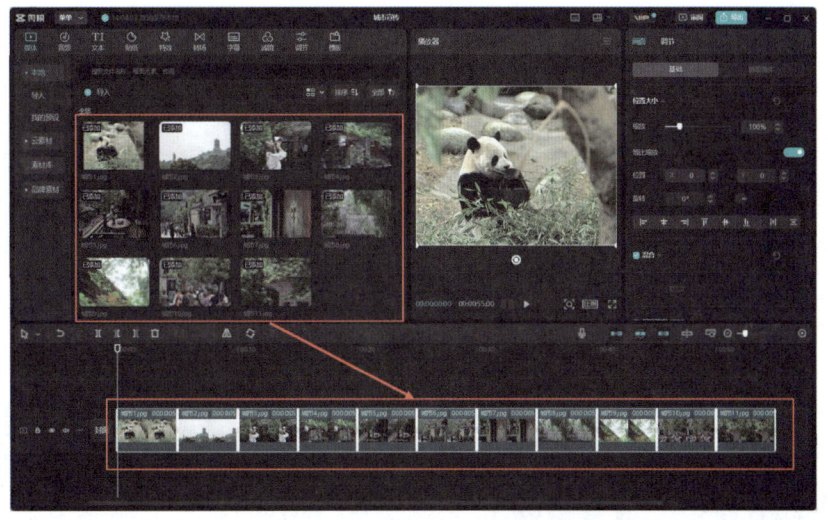

图7-46

STEP 02 选中"城市1.jpg"素材,在检查器窗口中切换至"AI效果"选项,勾选"玩法"复选框,在"运镜"分类下选择"3D照片"效果,添加至素材,如图7-47所示。

STEP 03 为其他素材添加同样的效果,如图7-48所示。

STEP 04 切换至"音频"选项,在剪映音乐库的"轻快"分类下,找到合适的背景音乐,将其添加至时间轴区域,如图7-49所示。

图7-47

图7-48

图7-49

STEP 05 选中时间轴区域的音频素材，单击常用工具栏中的"添加音乐节拍标记"按钮，选择"踩节拍Ⅰ"选项，为音频素材添加节拍，如图7-50所示。

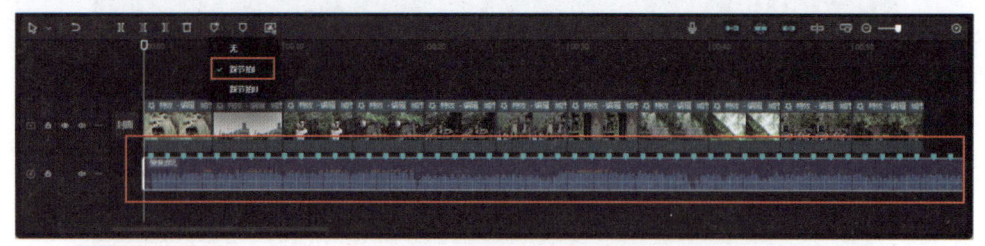

图7-50

STEP 06 根据音乐节拍点调整素材时长，如图7-51所示。

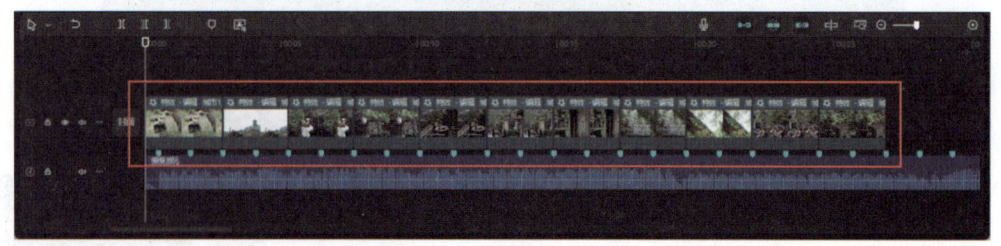

图7-51

STEP 07 移动时间线至素材结束处，选中音频素材，单击常用工具栏中的"向右裁剪"按钮，裁掉多余片段，使音频素材与图片素材时长保持一致，如图7-52所示。

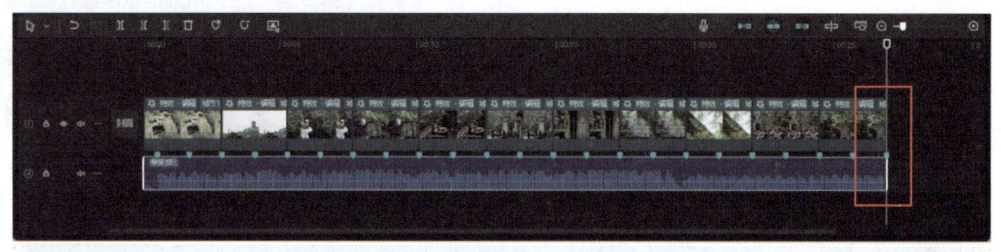

图7-52

STEP 08 切换至"特效"选项，在剪映的画面特效库的"复古"分类下找到合适的画面特效，添加至时间轴区域，并调整特效时长与图片素材一致。选中特效素材，在检查器窗口中调整特效素材参数，如图7-53所示。

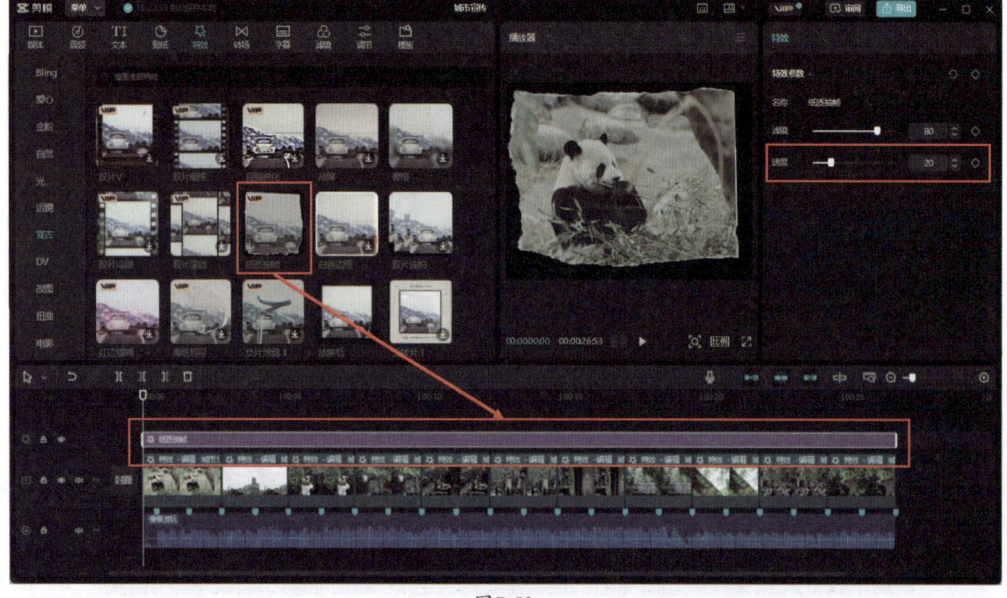

图7-53

112

STEP 09 切换至"文本"选项,在"手写字"分类下选择合适的文字模板效果,添加至时间轴区域,调整文字模板时长与时间轴区域第一张图片素材时长一致。选中文字模板效果,调整文字模板内容和缩放,如图7-54所示。

图7-54

STEP 10 在"手写字"分类下,找到合适的文字模板效果,添加至时间轴区域,调整文字模板时长与最后一张图片素材时长一致,如图7-55所示。

图7-55

STEP 11 完成操作后,预览视频画面效果,如图7-56所示。

图7-56

7.6　拓展练习：招聘文字快闪视频

请读者结合前面所学知识，使用剪映专业版中的动画功能和音频功能，制作一个招聘文字快闪视频，如图7-57所示。

图7-57

7.7　拓展练习：促销活动快闪视频

促销活动时使用快闪视频能够激发消费者的购买欲望。请读者结合前面所学知识，使用剪映专业版，制作一个促销活动快闪视频，如图7-58所示。

图7-58

7.8　拓展练习：社团招新快闪视频

现在大学里的社团招新也不再拘泥于海报，也可以制作快闪视频进行宣传。请读者结合前面所学知识，使用剪映专业版中的模板功能和音频功能，制作一个社团招新快闪视频，如图7-59所示。

图7-59

第 8 章
复古 DV——视频调色的技法

调色是视频编辑中不可或缺的一步，画面颜色在一定程度上能决定作品的好坏。就像影视作品一样，每一部电影的色调都与剧情密切相关。调色不仅可以赋予视频画面一定的艺术美感，还可以为视频注入情感。

8.1 复古 DV 概述

复古 DV 以其独特的画质和色调，成功唤起人们对过去时代的记忆和情感，在互联网上再次流行。复古 DV 通常采用低分辨率、颗粒感强烈的画面效果，色彩饱和度较低，并带有一定的色偏和闪烁感，如图 8-1 所示。这些特征使得影像呈现出 20 世纪 80 年代和 90 年代早期家用摄像机录制的视觉效果。这种特有的影像风格，能够迅速引起观众的怀旧情绪，让人们仿佛回到了那个科技尚未发达但充满温情的年代。

图 8-1

复古 DV 作为一种创作手法，赋予了影像作品更多的艺术性和独特性。在当今高清和超高清影像技术普及的背景下，复古 DV 以其独特的视觉效果，成为影像创作中的一种反叛和创新。许多创作者通过复古 DV 风格的拍摄和后期处理，赋予作品独特的个性和情感厚度。例如，在 MV、个人 Vlog 等短视频中，复古 DV 风格常被用来增强叙事的情感深度和怀旧氛围，如图 8-2 所示，使作品更加生动和有趣。

图 8-2

复古 DV 还在社交媒体平台引发了一股复古风潮。许多年轻用户使用复古 DV 特效，制作和分享带有怀旧风格的短视频和照片，表达对过去时代的向往和喜爱。这种怀旧风潮不仅反映了人们对过去简单生活的美好回忆，也体现了当代人对快节奏生活的反思和对真实情感的追求。复古 DV 特效的流行，展示了科技与情感的融合，也体现了影像文化在不同时代的延续和变迁。

8.2 认识色彩

后期调色中使用色彩的目的通常都是为了刺激人的视觉感受，使其产生心灵共鸣。合理的色彩搭配加上靓丽的色彩感总能为照片或视频增添几分亮点。用户在调整照片和视频素材的颜色之前，必须对色彩的基础知识有基本的了解。

8.2.1 色彩

色彩是由于光线刺激人的眼睛而产生的一种视觉效应，因此光线是影响色彩明亮度和鲜艳度的重要因素。从物理角度分析，可见光是电磁波的一部分，其波长为 400~700mm，该范围内的光线被称为可视光线区域。自然的光线可以分为红、橙、黄、绿、青、蓝和紫 7 种不同的色彩，如图 8-3 所示。

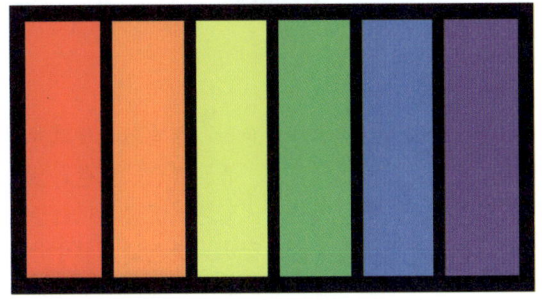

图 8-3

自然界中的大多数物体都拥有吸收、反射和透射光线的特性，由于物体本身不能发光，因此人们看到的大多是物体反射后的剩余光线的混合色彩，如图 8-4 所示。

图8-4

> **提示**
>
> 在红、橙、黄、绿、青、蓝和紫7种不同的光谱色中，黄色的明度最高（最亮），橙色和绿色的明度低于黄色，红色、青色又低于橙色和绿色，紫色的明度最低（最暗）。

8.2.2 色相

色相是颜色的"相貌"，主要用于区别色彩的种类。

每一种颜色都表示一种具体的色相，区别在于它们之间的色相差别。不同的颜色可以让人产生温暖和寒冷的感觉，如红色能带来温暖、激情的感觉，蓝色则带给人寒冷、平稳的感觉。进行视频剪辑时可以对比色环（图8-5所示），了解冷暖色。

图8-5

> **提示**
>
> 当人们看到红色和橙红色时，很自然地便联想到太阳、火焰，因而感到温暖；看到青色、蓝色、紫色时很容易想到大海、天空，因而感到沉静。以红色、橙色、黄色等暖色为主的画面称为暖色调，其中红色最"暖"；以青色、蓝色等冷色为主的画面称为冷色调，其中青色最"冷"。

8.2.3 亮度与饱和度

亮度是色彩明暗程度，几乎所有的颜色都具有

亮度的属性；饱和度是色彩的鲜艳程度，由颜色的波长来决定。

若要表现出物体的立体感与空间感，则需要通过不同亮度的对比来实现。色彩的亮度越高，颜色越淡；反之，亮度越低，色彩越重，并最终表现为黑色。从色彩的成分来讲，饱和度取决于色彩中含色成分与消色成分之间的比例。含色成分越多，饱和度越高；消色成分越多，则饱和度越低，如图8-6所示。

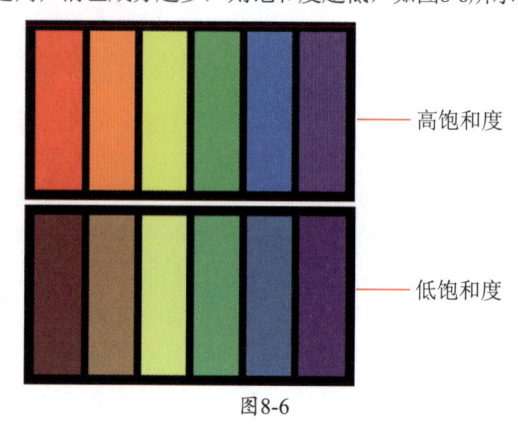

—— 高饱和度

—— 低饱和度

图8-6

8.3 调色的基本原理

视频剪辑的过程中，调色是一项重要的环节，对视频画面进行调色美化，可以显著提升视频的视觉效果和艺术价值。调色的基本原理主要包括一级画面校色和二级风格化调色，两者在视频调色过程中扮演着不同但同样重要的角色。

8.3.1 一级画面校色

由于拍摄环境、光线条件和设备性能的不同，原始视频素材常常存在色彩偏移、曝光不足或曝光过度等问题。如图8-7所示素材，画面中曝光不足，色彩偏移较大，呈现出来的画面也是灰蒙蒙的。这些问题如果不加以修正，会直接影响观众的视觉体验。

图8-7

一级画面校色是调色过程的基础和前提。一级画面校色也称为色彩校正，主要目的是恢复和调整

视频画面的基本色彩平衡和曝光度。

  一级画面校色首先需要调整白平衡，使画面中的白色部分真正呈现白色，从而校正整个画面的色彩基准。其次，通过调整亮度、对比度和饱和度，确保画面的曝光度和色彩饱和度处于合理范围，使图像看起来自然和谐。一级画面校色后，画面色彩表现会更好，如图8-8所示。

图8-8

  通过基础的色彩校正步骤，可以使视频画面更加真实和清晰，为后续的二级风格化调色打下坚实的基础。

8.3.2 二级风格化调色

  二级风格化调色是在一级画面校色的基础上进行的创意性调色。风格化调色的目的是通过色彩的再创造和再设计，赋予视频独特的视觉风格和情感表达。不同的视频内容和叙事主题需要不同的调色风格来传达特定的情感和氛围。例如，森系色调让画面表现更加贴近自然，素雅宁静，能够让人感到纯净清新，如图8-9所示。港风色调则光晕柔和，带有复古质感。

图8-9

  调整色相、饱和度和亮度，以及应用各种色彩滤镜和效果，二级风格化调色能够将视频画面转化为富有艺术性和感染力的视觉作品。创作者可以根据影片的主题和情感需要，灵活运用色彩调节手段，创造出独特的视觉风格，使观众产生深刻的情感共鸣。

8.4 调节功能

  剪映为用户提供了多种调节功能和调节工具，便于用户剪辑时能够快速对画面进行调整，以获得更好的画面效果。本节将介绍调节工具应该如何使用。

8.4.1 基础参数调节

  剪映中的"调节"选项下有许多参数，用户可以根据自身需求，调整各项参数。

  在剪映中导入一段素材，添加素材至时间轴区域，在检查器窗口中选择"调节"选项，如图8-10所示。

图8-10

在"调节"选项中勾选"调节"复选框，即可调整素材的各项参数，如图8-11所示。

图8-11

各项参数功能如下。
- 亮度：用于调整画面的明亮程度。数值越大，画面越明亮。
- 对比度：用于调整画面黑与白的比值。数值越大，从黑到白的渐变层次就越多，色彩的表现也更加丰富。
- 饱和度：用于调整画面色彩的鲜艳程度。数值越大，画面饱和度越高，画面色彩就越鲜艳。
- 光感：与"亮度"相似，光感调节基于原画面本身的明暗范围进行，调整后的效果更加自然。
- 锐化：用来调整画面的锐化程度。数值越大，画面细节越丰富。
- HSL：用来调整特定颜色的色调、饱和度、亮度。
- 曲线：曲线调节工具分为亮度、红色通道、绿色通道、蓝色通道。其中亮度用于调整画面明暗对比，后3个通道用于校正色彩，也可称为红色曲线、绿色曲线、蓝色曲线。
- 高光/阴影：用来改善画面中的高光或阴影部分。
- 色温：用来调整画面中色彩的冷暖倾向。数值越大，画面越偏向于暖色；数值越小，画面越偏向于冷色。
- 色调：用来调整画面中色彩的颜色倾向。
- 褪色：用来调整画面中颜色的附着程度。
- 暗角：用来调整画面中四角的明暗程度。
- 颗粒：用来调整画面中的颗粒感，数值越高，画面中的颗粒感越重。

8.4.2 曲线调节

调整完素材的基础参数后，如果还是对画面效果感到不满意，可以切换至"曲线调节"选项，使用曲线调节工具对画面进行调整。

选中时间轴区域的素材，选择"曲线"选项，如图8-12所示。

图8-12

"曲线调节"选项中有4种曲线可以调节，分别为亮度、红色、绿色、蓝色，如图8-13所示。亮度曲线调节画面亮度，红、绿、蓝色曲线调节画面颜色。

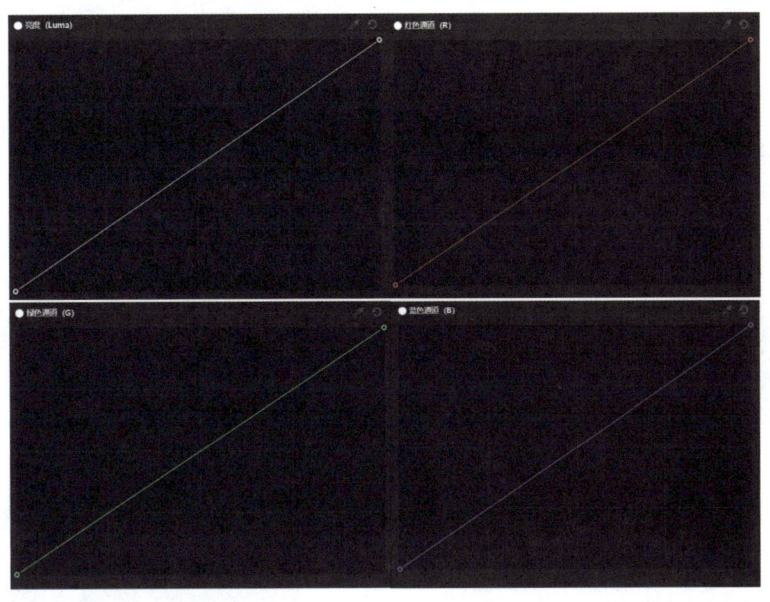

图8-13

以亮度曲线为例，每个曲线都划分了4个区域，由左至右划分为由暗到亮的部分，分别为黑色、阴影、高光、阴影，如图8-14所示。

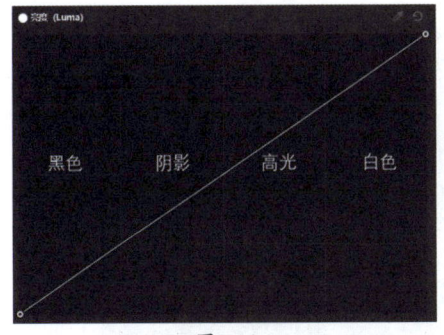

图8-14

调整曲线的方法是，移动光标至曲线上，光标出现变化后，如图8-15所示，右击即可添加锚点，如图8-16所示。在曲线上打锚点，然后移动锚点来调整曲线，从而改变画面色彩表现。

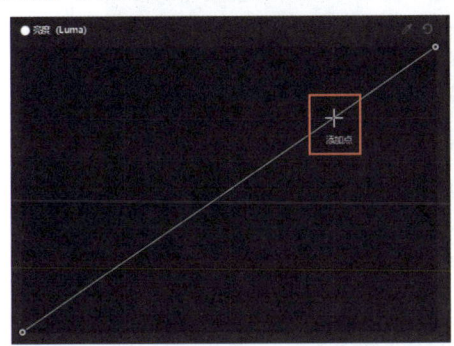

图8-15

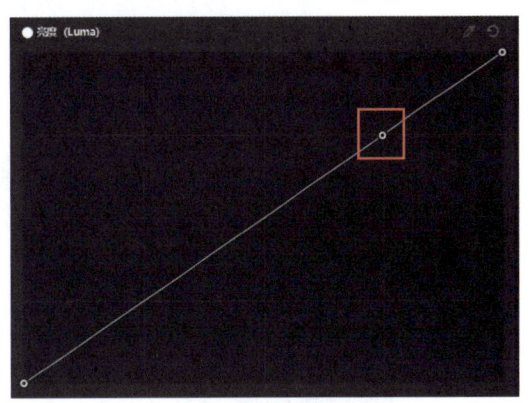

图8-16

移动光标至锚点上，光标会出现变化，如图8-17所示。按住鼠标即可拖曳锚点。

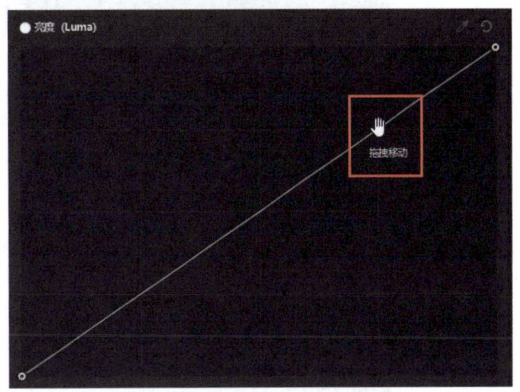

图8-17

预览窗口中的画面也会随着锚点的移动而出现变化，如图8-18所示。

图8-18

利用曲线调整颜色是根据颜色的互补来调整的，互补色如图8-19所示。

以红色曲线为例，在红色曲线上打上锚点，然后向上移动，画面会偏向红色，如图8-20所示。

在红色曲线上打上锚点然后向下移动，画面会偏向蓝色，如图8-21所示。利用颜色之间的互补，便能实现利用曲线对画面进行调色。

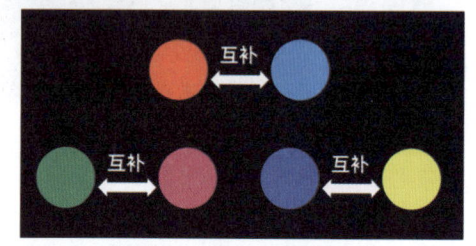

图8-19

图8-20

图8-21

> **提示**
>
> 绿色曲线向上移动时，画面会偏向绿色，向下移动会偏向品红色。蓝色曲线向上移动时，画面会更偏向蓝色，向下移动时画面会偏向黄色。

8.4.3 HSL 调节

HSL色彩模式是一种颜色标准，该模式通过色相（H）、饱和度（S）、亮度（L）三个通道的变化，以及它们互相叠加来表示颜色。

在剪映中添加素材至时间轴区域，选中时间轴区域的素材，在检查器窗口中选择HSL选项，如图8-22所示。

图8-22

通过HSL调节，可以调整画面中的红色、橙色、黄色、绿色、青色、蓝色、紫色和品红色，以及这几种颜色的色相、饱和度和亮度参数，如图8-23所示。

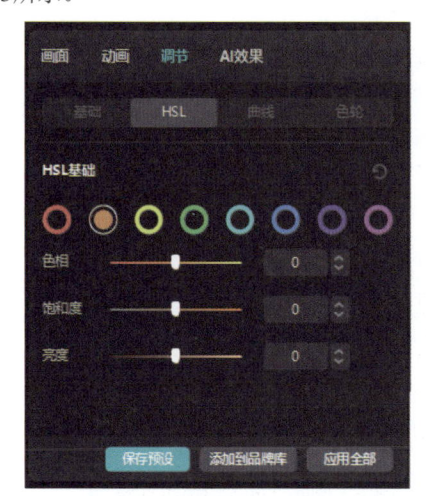

图8-23

利用HSL功能可以对素材进行精准调色，从而实现各种创意调色，例如使用HSL调节对画面中的红色部分进行调整，如图8-24和图8-25所示。

图8-24

图8-25

8.5 滤镜功能

滤镜可以说是如今各大视频编辑App的必备"亮点",为素材添加滤镜,可以很好地掩盖由于拍摄造成的缺陷,并且可以使画面更加生动、绚丽。剪映为用户提供了数十种视频滤镜特效,合理运用这些滤镜效果,可以模拟各种艺术效果,并对素材进行美化,从而使视频作品更加引人注目。

8.5.1 添加单个滤镜

在剪映专业版中添加一段素材至时间轴区域。单击"滤镜"按钮，即可切换至剪映"滤镜库",如图8-26所示。

图8-26

单击滤镜缩略图,剪映会自动下载滤镜效果,并在预览窗口中预览滤镜效果,如图8-27所示。

图8-27

拖曳滤镜效果或是单击缩略图右下角的"添加"按钮，可以直接将滤镜添加至时间轴区域。在检查器窗口中可以调整滤镜效果强度,如图8-28所示。

图8-28

8.5.2 添加多个滤镜

在剪映中有多条轨道，用户可以添加多个滤镜，实现滤镜效果的叠加，从而打造不一样的画面效果。

在已经添加滤镜效果的情况下，在"滤镜"选项中选择一个滤镜效果，将其添加至时间轴区域，可为素材添加多个滤镜效果，如图8-29所示。

图8-29

除了将滤镜效果添加至时间轴区域，也可以直接拖曳滤镜效果，将其添加至素材上，如图8-30所示。添加至素材后，时间轴区域的素材会出现相应的变化。

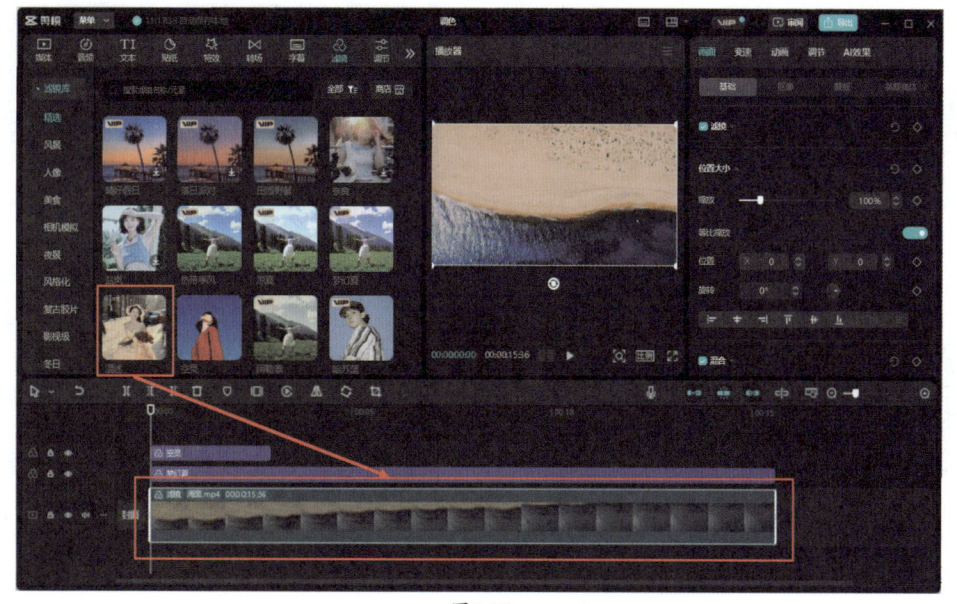

图8-30

8.6 美颜美体

如今手机相机的像素越来越高，在拍摄时，演员形象上的一些瑕疵几乎是无所遁形，所以在进行后期剪辑时，经常需要对人物进行一些美化处理，让人物镜头魅力实现最大化。

8.6.1 美颜功能

在剪映中导入一段带有人像的素材，并添加至时间轴区域。选中时间轴区域的素材，在检查器窗口中选择"画面"选项下的"美颜美体"选项，如图8-31所示。

图8-31

勾选"美颜"复选框，即可开启美颜功能，如图8-32所示。

图8-32

"美颜"选项中有"匀肤""丰盈""磨皮""祛法令纹""亮眼"等选项。直接拖动各选项的滑块，可调整画面中的人物表现。

剪映在更新后不仅支持美颜调整，也可以进行美型美妆调整。勾选"美型"和"美妆"复选框后，即可进行调整，如图8-33和图8-34所示。

图8-33　　　　图8-34

美颜功能针对画面中人物的皮肤状态进行调整，美型功能主要针对画面中人物的面部进行调整，并根据人物的脸颊、眼睛、鼻子、嘴巴等部位进行细分；美妆功能则针对画面中的人物面部添加各种妆容效果。

8.6.2 美体功能

在剪映中添加一段带有全身像的视频素材至时间轴区域,在检查器窗口中选择"美颜美体"选项,勾选"美体"复选框,如图8-35所示,其中包括"瘦身""长腿""瘦腰"等选项,如图8-36所示。

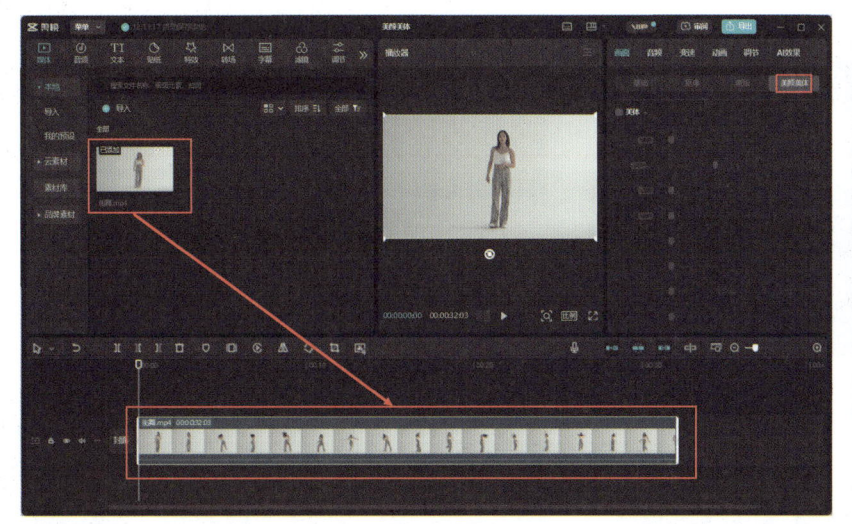

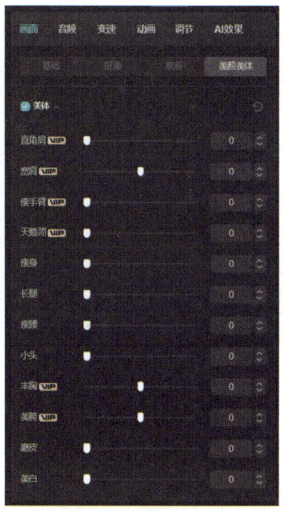

图8-35　　　　　　　　　　　图8-36

8.7　应用案例:校园复古磁带DV

校园复古磁带DV的画面为清新风格,整体上给人一种唯美治愈的感觉。结合前面所学知识,使用剪映专业版的调节功能和滤镜功能,制作一个校园复古磁带DV。下面介绍详细的制作过程。

STEP 01 导入一段"教学楼.mp4"素材,添加该素材至时间轴区域,如图8-37所示。

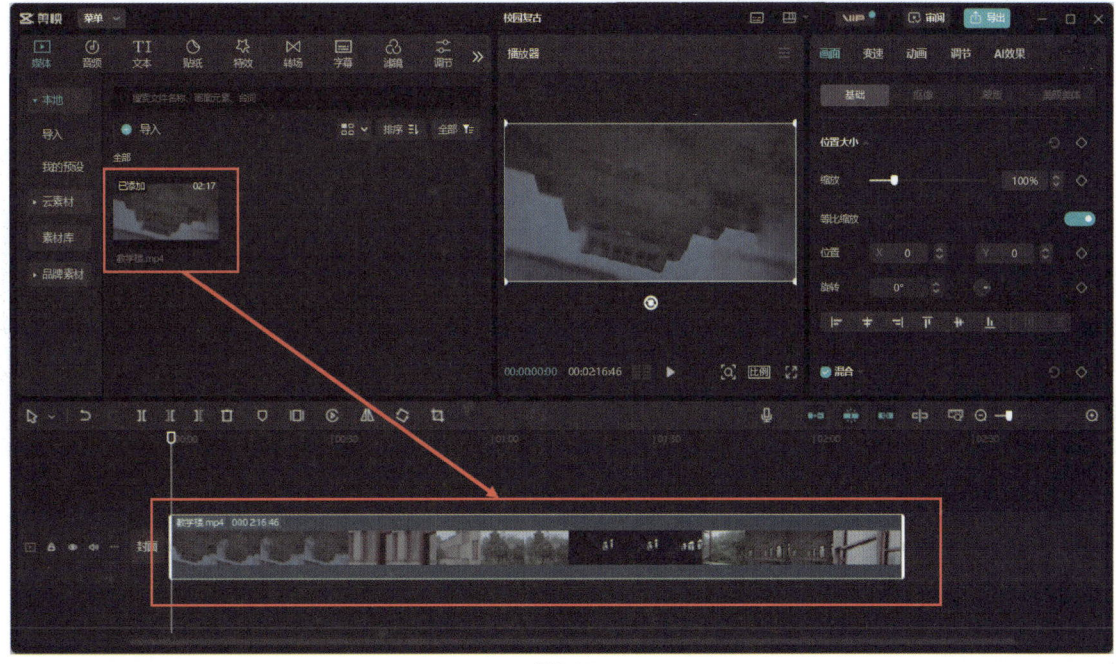

图8-37

STEP 02 选中时间轴区域的视频素材，在检查器窗口中切换至"调节"选项，选择HSL选项，将红色的参数调整为橙红色，在色彩上做减法，便于后期调色时的整体改动，如图8-38所示。

图8-38

STEP 03 在HSL选项中调整橙色参数，使橙色偏向橙红色，如图8-39所示。

图8-39

STEP 04 在HSL选项中调整黄色参数，降低黄色的饱和度，使画面更具故事感，如图8-40所示。

图8-40

STEP 05 在HSL选项中调整绿色参数，使画面中的绿色更具质感，如图8-41所示。

图8-41

STEP 06 切换至"基础"选项，调整素材的"色温"和"色调"参数，使画面偏向冷色调，使画面中的冷暖色对比更加明显，如图8-42所示。

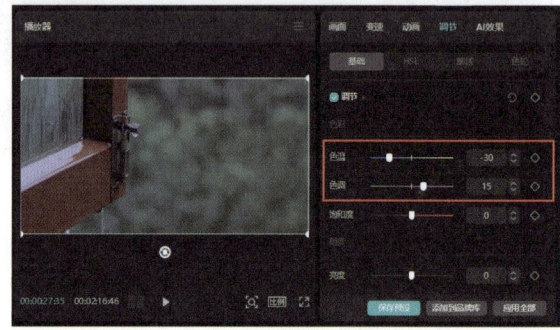

图8-42

STEP 07 调整素材的"亮度""高光"和"阴影"参数，在保留画面明暗对比的同时，找回一点高光和阴影部分的细节，避免因为前面的调色而导致画面中的细节丢失过多，从而丧失画面原本的质感，如图8-43所示。

图8-43

STEP 08 调整素材的"清晰"参数，进一步找回画面细节。最后调整画面的"颗粒"参数，让画面更具胶片感、复古感，如图8-44所示。

图8-44

STEP 09 切换至"曲线"选项,在"亮度"曲线上增加3个点,调整画面的高光、中间调和暗部,如图8-45所示。

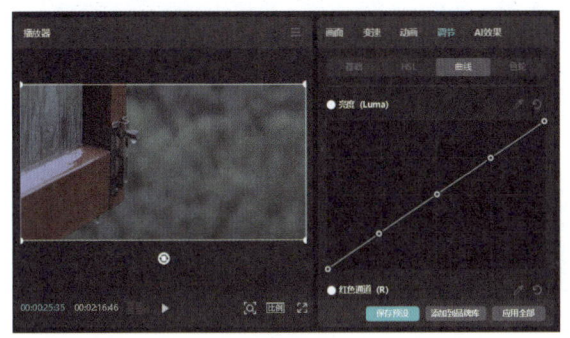

图8-45

STEP 10 调整"亮度"曲线,压低暗部,提高阴影底部,压低高光顶部,丢失一部分阴影和高光的细节,能够让画面更具胶片感,避免画面中细节过于清晰而丧失胶片感,如图8-46所示。

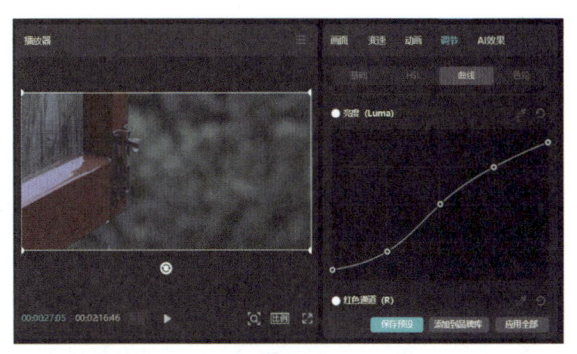

图8-46

STEP 11 回到"基础"选项,适当调整画面"饱和度",使画面中的颜色更加鲜明,如图8-47所示。

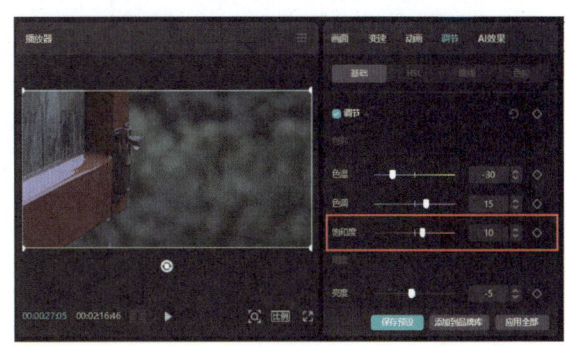

图8-47

STEP 12 单击"滤镜"按钮,切换至"滤镜"选项,在剪映滤镜库的"风格化"分类下,找到合适的滤镜效果,将其添加至时间轴区域,并调整滤镜效果时长与视频素材时长一致,如图8-48所示。

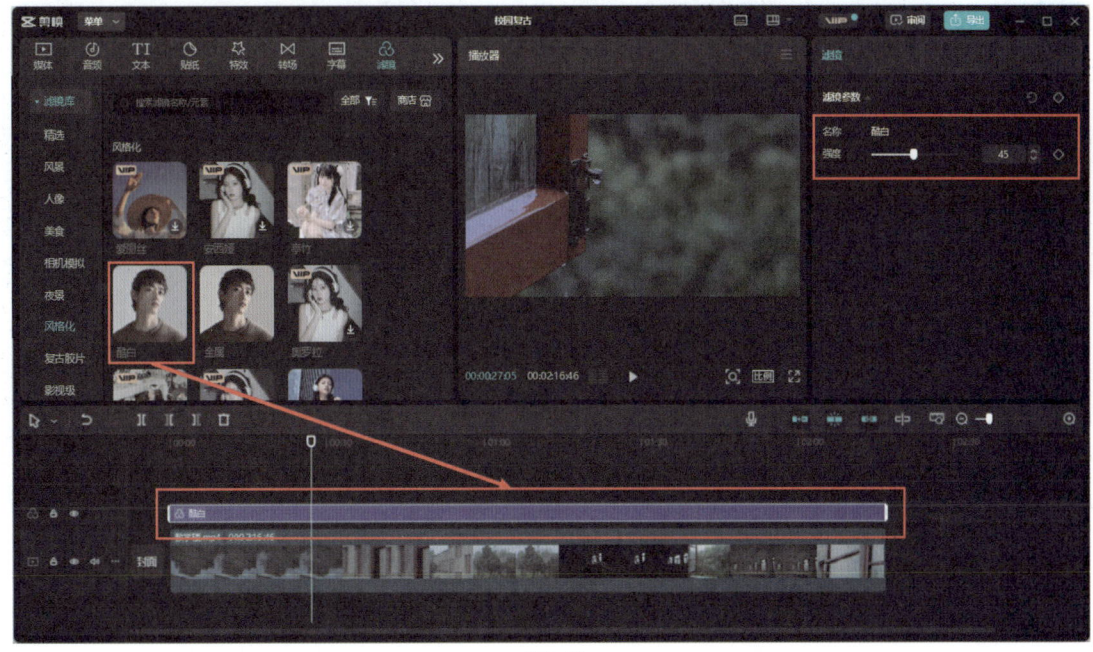

图8-48

第8章 复古DV——视频调色的技法

127

STEP 13 单击"特效"按钮,切换至"特效"选项,在剪映"画面特效"的"边框"分类下,找到合适的特效,将其添加至时间轴区域,调整其时长与视频素材时长一致,在检查器窗口中调整"纹理"参数,避免影响已经调好的画面色彩,如图8-49所示。

图8-49

STEP 14 在"画面特效"上方的搜索栏中输入"柔光",搜索"柔光"画面特效,将其拖曳至时间轴区域的素材上,调整画面特效强度,使得画面有一些朦胧感,如图8-50所示。

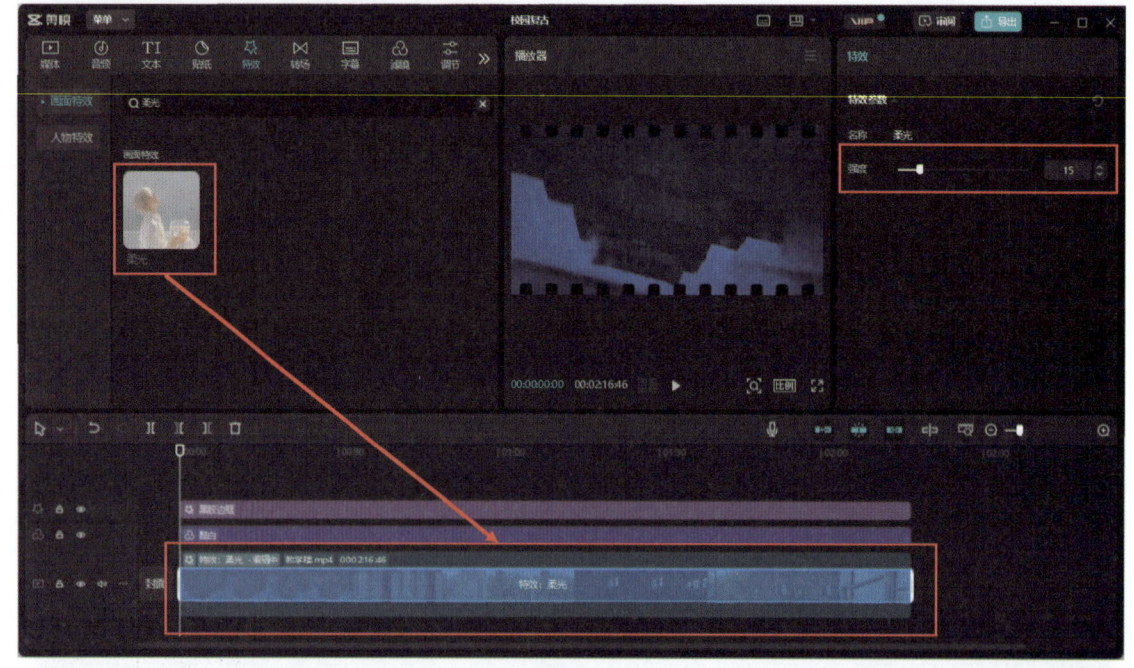

图8-50

STEP 15 单击"音频"按钮,切换至"音频"选项,在剪映音乐库的"舒缓"分类下,找到合适的背景音乐,将其添加至时间轴区域,并调整音频素材时长与视频素材时长一致,如图8-51所示。

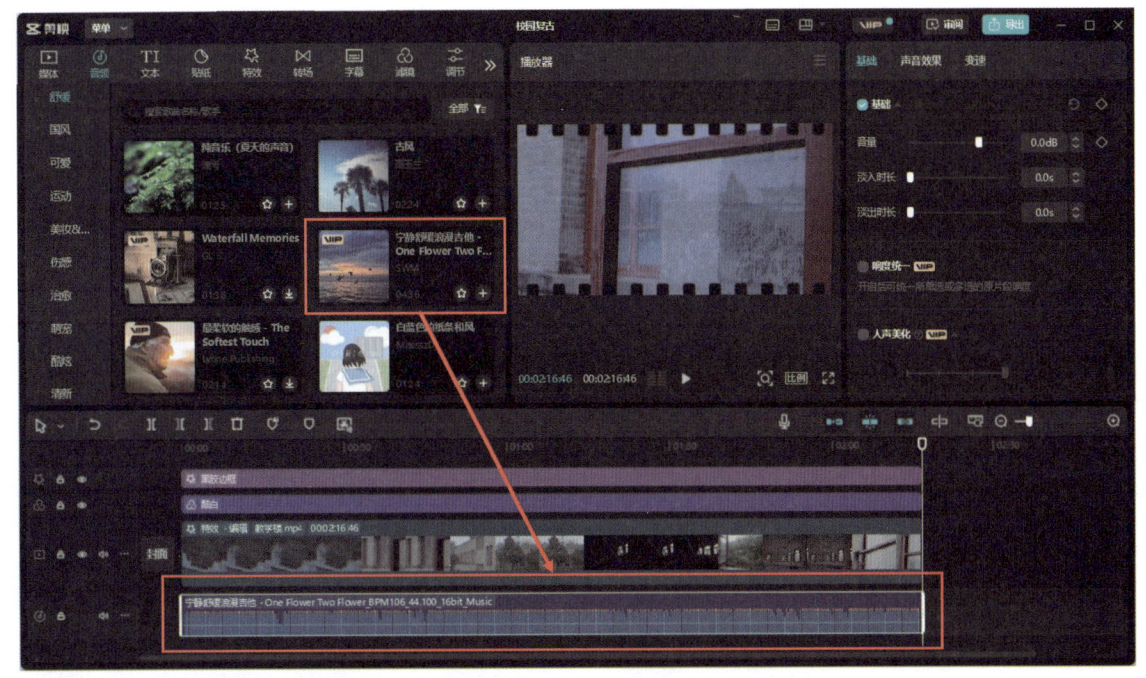

图8-51

STEP 16 完成操作后，预览视频画面效果，调色前后对比如图8-52和图8-53所示。

图8-52 　　　　　　　　　　　　　　　图8-53

8.8　拓展练习：恋爱日常港风DV

　　复古港风的画面一般都带有泛黄旧照片的感觉，光晕柔和，饱和度高，一般呈现出暗红、橘黄、蓝绿色调，为画面带来故事感。请读者结合前面所学知识，使用剪映专业版的调节功能和滤镜功能，制作一个恋爱日常港风DV，调色前后如图8-54和图8-55所示。

图8-54 　　　　　　　　　　　　　　　图8-55

129

8.9 拓展练习：小清新旅拍日式DV

小清新风格是现在非常流行的一种风格，其画面素雅宁静，带给观众纯净清新的感觉。请读者结合前面所学知识，使用剪映专业版中的调节功能、滤镜功能和转场功能制作一个小清新旅拍日式DV，调色前后对比如图8-56和图8-57所示。

图8-56

图8-57

8.10 拓展练习：老街回忆胶片风DV

提到胶片风，总是能想到那略带颗粒的质感和略微泛黄的老照片画面风格。请读者结合前面所学知识，使用剪映专业版的调节功能、特效功能和滤镜功能，制作一个老街回忆胶片风DV，调色前后对比如图8-58和图8-59所示。

图8-58

图8-59

第 9 章
影视特效——合成与抠像技术

优质的短视频除了内容丰富、新颖，更重要的是后期制作要过关。前几章已经学习了短视频的基本剪辑、画面调色、转场添加和音频设置等操作，利用这些操作基本可以完成一个比较完整的短视频作品。在此基础上，如果想让自己的作品更加引人注目，不妨尝试在画面中添加特效等装饰元素，在增强视频完整性的同时，还能为视频增添不少趣味。

9.1 影视特效概述

影视特效在现代短视频创作中正日益发挥着重要作用，它不仅极大地丰富了视觉呈现手段，还赋予了创作者无限的想象空间。影视特效的发展和应用，使得短视频创作不再局限于现实场景的拍摄，而是能够通过数字化手段，将各种奇幻、科幻和虚拟的元素融入其中，从而实现更为多样和创新的表达。

传统的视频拍摄受制于现实环境和技术条件，很多创意难以实现。借助影视特效，创作者可以突破这些限制，将各种不可思议的想象变为现实。例如，通过特效技术，创作者可以在短视频中展示太空旅行、剑气变身、灵魂出窍（见图9-1）等画面效果，极大地丰富了内容的多样性和趣味性。特效的应用不仅提升了短视频的观赏性，也激发了观众的好奇心和兴趣。

影视特效提升了短视频的艺术价值和制作水平。高质量的特效不仅需要先进的技术支持，还需要创作者具备深厚的艺术修养和设计能力。经过精心设计和制作，短视频可以呈现出电影般的视觉效果，带给观众身临其境的观影体验。特效的艺术化应用，使短视频不仅是一种娱乐工具，更成为了一种艺术表现形式。

总之，影视特效在现代短视频创作中发挥着越来越重要的作用。它不仅丰富了短视频的表现手段，提升了艺术价值，还推动了创意产业的发展。在未来的发展中，随着技术的不断进步和创意的不断涌现，影视特效将继续为短视频创作带来更多可能性和惊喜。创作者应在掌握和运用特效技术的同时，保持对内容和艺术的敬畏，创作出既具视觉震撼力又富有内涵的优秀作品。

9.2 视频抠像

剪映为用户提供了3种视频抠像方式，分别为智能抠像、自定义抠像和色度抠图。这3种抠像方式大幅度便利了创作者，摆脱视频素材的束缚，利用素材进行创作。

9.2.1 智能抠像

剪映自带许多非常实用的功能，"智能抠像"功能就是其中之一。剪映的"智能抠像"功能是将视频中的人像部分抠出来，将抠像后的人像放在新的背景视频中，能够制作出特殊的视频效果。

在剪映专业版中导入两段素材，将背景素材添加至主轨道，将人像素材添加至画中画轨道，如图9-2所示。

图9-1

图9-2

选中画中画轨道的素材,在检查器窗口中切换至"抠像"选项,勾选"智能抠像"复选框后,即可对素材实施抠像,如图9-3所示。

图9-3

抠像完成后,在"抠像"选项中选择"抠像描边"效果,剪映会在预览窗口中预览描边效果,如图9-4所示。如想要取消描边效果,单击"无"按钮,即可取消描边效果的应用。

图9-4

9.2.2 自定义抠像

剪映的"智能抠像"功能仅对人像起作用,不能作用在其他主体上。当用户想要对其他主体进行抠像时,可以使用"自定义抠像"功能制作抠像效果。

在剪映专业版中导入两段素材,将背景素材添加至主轨道,将需要抠像的素材添加至画中画轨道,如图9-5所示。

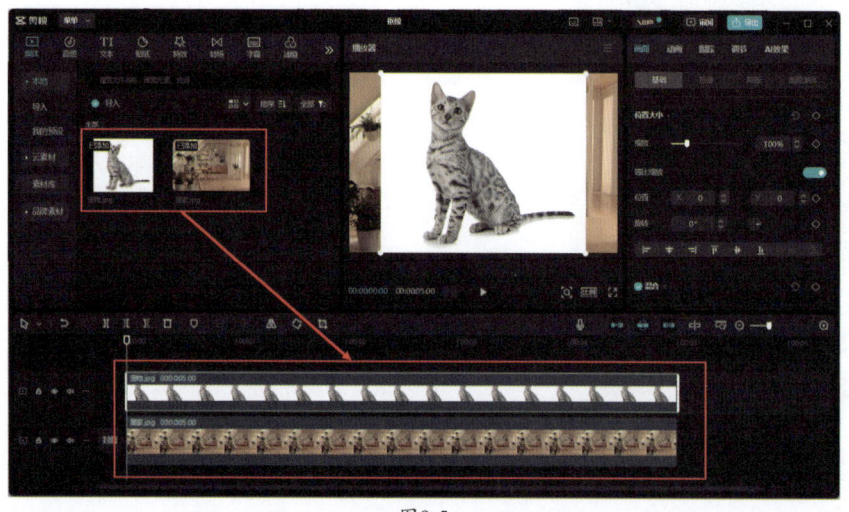

图9-5

选中画中画轨道的素材，在检查器窗口中切换至"抠像"选项，勾选"自定义抠像"复选框，如图9-6所示。

图9-6

使用智能画笔，在预览窗口中框选需要抠像的区域，移动光标至预览窗口中，光标会变为半透明的白色圆圈，按住鼠标拖动画笔即可留下青色痕迹，如图9-7所示。

图9-7

松开鼠标后，剪映会自动识别画面内容，根据画笔痕迹框选抠像部分，如图9-8所示。单击"应用效果"按钮，即可应用该抠像效果，如图9-9所示。自定义抠像完成后，也可以为抠像添加描边效果。

图9-8

图9-9

智能橡皮、橡皮擦的使用方法与智能画笔的使用方法一样。不同的是，智能画笔留下的是青色的痕迹，而智能橡皮、橡皮擦留下的是红色的痕迹，如图9-10所示。智能橡皮与橡皮擦之间也存在不同，智能橡皮会自动识别画笔痕迹所过之处是否需要擦除多余部分，橡皮擦则是留下痕迹就立马擦除。

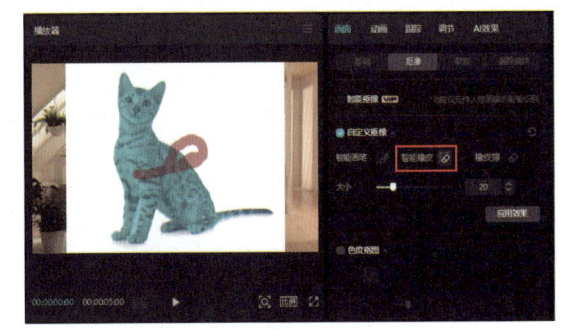

图9-10

如果用户觉得画笔太粗，在细致抠图时不便操作，或是觉得画笔太细，使用画笔框选区域时需要花费较多时间，可以调整画笔大小。调整后移动光标至预览窗口中，即可查看画笔大小，如图9-11所示。

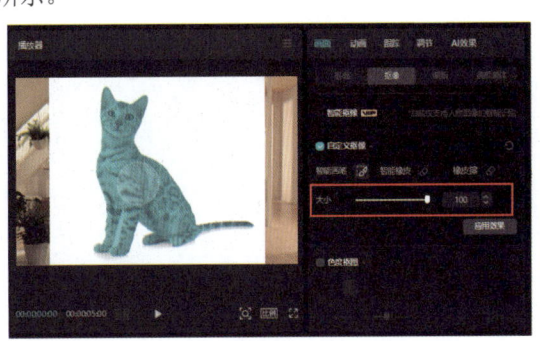

图9-11

9.2.3 色度抠图

剪映的"色度抠图"功能就是对比两个像素点之间的颜色差异，将与选中颜色相近的像素点删除，仅保留与选中颜色不同的像素点，从而实现抠图。"色度抠图"与"智能抠像"不同，"智能抠像"可以自动识别人像，然后保留人像部分；而"色度抠图"是用户自行选择需要抠去的部分。在使用"色度抠图"功能时，选中的颜色与其他区域颜色差异越大越好。差异越大，抠图效果越好。

在剪映的素材库中找到一段火焰素材，将其作为背景素材，添加至主轨道。导入一段绿幕素材，添加至画中画轨道，如图9-12所示。

第9章 影视特效——合成与抠像技术

133

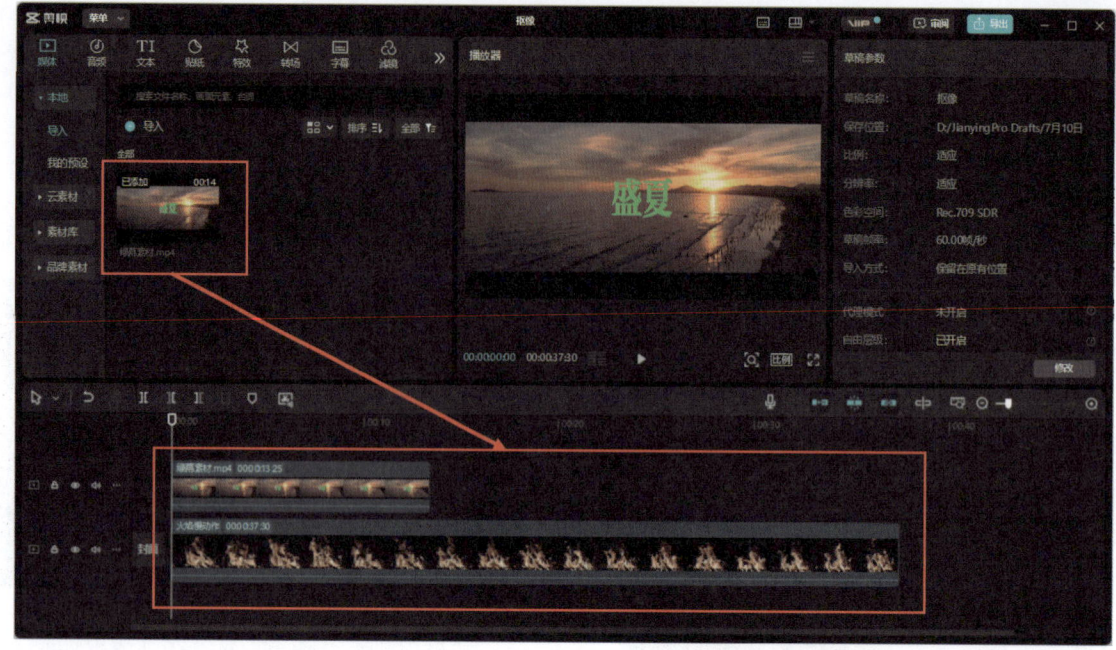

图9-12

选中画中画轨道的素材，单击"取色器"按钮，移动光标至预览窗口中需要选取的颜色上，如图9-13所示。

图9-13

选取颜色后，剪映会消除素材中选中的绿色，露出主轨道的素材，适当调整各项参数，可以让选中的颜色边缘清晰柔和，获得更好的画面效果，如图9-14所示。使用"色度抠图"功能，可以制作文字穿越、动效文字等效果。

图9-14

"色度抠图"界面如图9-15所示。

图9-15

参数功能如下。

- 强度：用来调整取色器所选颜色的透明度。数值越高，透明度越高，颜色被抠除得越干净。
- 阴影：用来调整抠除颜色后图像的阴影。适当调整该参数可以使抠图边缘更加平滑。
- 边缘羽化：用来调整抠除颜色后图像边缘的羽化值。适当调整该参数可以使抠图边缘更加柔和，但可能会出现颜色抠除不够干净的情况。
- 边缘清除：用来去除抠除颜色后图像边缘残余的颜色。数值越高，边缘残余的颜色越少，边缘越清晰。

9.3 视频合成

"画中画"与"蒙版"功能经常会同时使用。"画中画"功能最直接的效果是使一个视频画面中出现多个不同的画面,但通常情况层级数高的视频素材画面会覆盖层级数低的视频素材画面,此时利用"蒙版"功能便能自由调整遮挡区域,以达到理想的效果。本节介绍在剪映中添加与使用"画中画"和"蒙版"功能的方法,帮助读者更好地发挥创意。

9.3.1 画中画

使用"画中画"功能可以使一个视频画面中出现多个不同的画面,这是该功能最直接的展示效果。但"画中画"功能更重要的作用在于可以形成多条视频轨道,利用多条视频轨道,可以使多个素材出现在同一画面中。例如平时观看视频时,可能会看到有些视频将画面分为好几个区域,或者划出一些不太规则的地方来播放其他视频,这在一些教学分析、游戏讲解类视频中非常常见,如图9-16所示。这便是灵活使用了"画中画"功能,使观众更容易理解视频教学内容。

图9-16

在剪映专业版中添加素材至画中画轨道非常简单,主轨道上方默认存在画中画轨道,将素材直接拖曳至画中画轨道,即可将素材添加至画中画轨道,如图9-17所示。

图9-17

9.3.2 蒙版

蒙版又被称为遮罩,蒙版功能可以遮挡部分画面或显示部分画面,是视频编辑处理时非常实用的一项功能。在剪映中,通常是下方的素材画面遮挡上方的素材画面,此时便可以使用"蒙版"功能同时显示两个素材的画面。"蒙版"功能一般与"画中画"功能一同使用,能够制作出不一样的画面效果。

在剪映中添加两段素材,并将一段素材添加至主轨道,另外一段素材添加至画中画轨道,如图9-18所示。

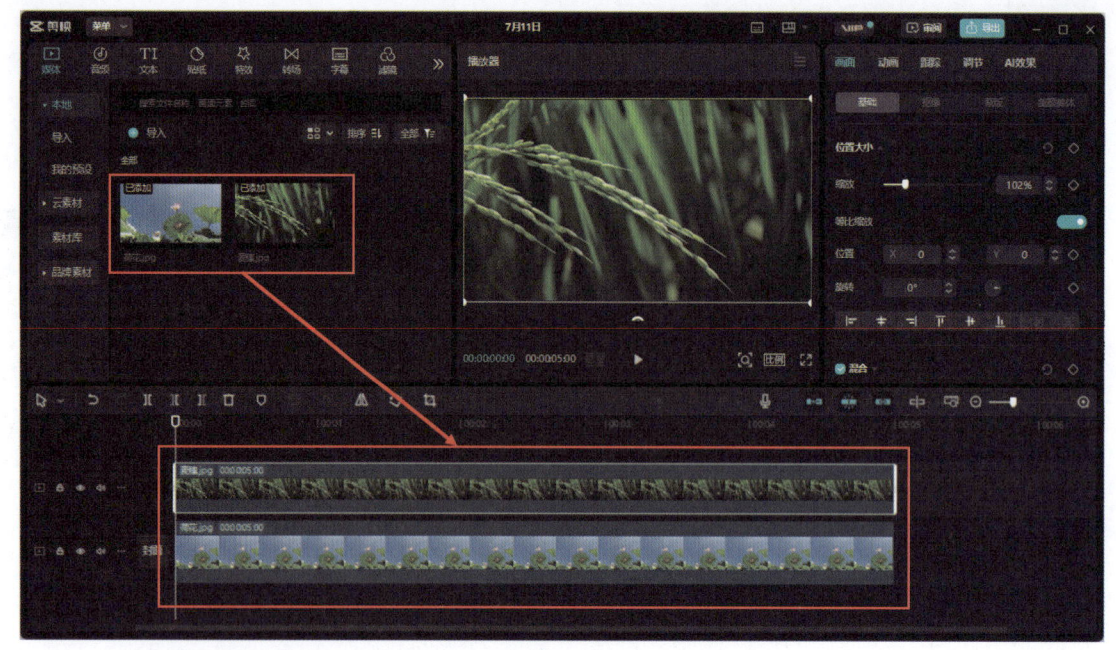

图9-18

选中画中画轨道的素材,在检查器窗口中切换至"蒙版"选项,如图9-19所示。

图9-19

可以为素材添加线性、镜面、圆形、矩形、爱心和星形蒙版效果。选择某一蒙版效果后,即可在预览窗口中预览蒙版效果,同时在"蒙版"选项下会出现可调整的参数,如图9-20所示。

图9-20

用户可以在预览区域中对蒙版进行移动、缩放、旋转、羽化、圆角化等基本调整操作。需要注意的是,不同形状的蒙版所对应的调整参数会有些许不同。下面以"矩形"蒙版为例进行讲解。

在"蒙版"选项中选择"矩形"蒙版,在预览区域可以看到添加蒙版后的画面效果,同时预览界面中蒙版的周围分布了几个功能按钮,如图9-21所示。

图9-21

在预览区域按住蒙版拖动,可以对蒙版的位置进行调整,此时预览界面中蒙版的作用区域也会发生变化,如图9-22所示。

图9-22

在预览区域按住蒙版斜对角的圆点向外侧拖曳,可以将蒙版放大,如图9-23所示。

图9-23

向内侧拖曳,可以将蒙版缩小,如图9-24所示。

图9-24

矩形蒙版和圆形蒙版支持用户在垂直或水平方向对蒙版的大小进行调整。在预览窗口中,按住蒙版边缘的圆条,可以对蒙版进行垂直方向或水平方向的缩放,如图9-25所示。

图9-25

所有蒙版均能进行羽化处理,使视频画面更加和谐,蒙版效果更加自然。在预览窗口中按住◎按钮,往下滑动即可增加蒙版的羽化值。图9-26所示为羽化效果。

图9-26

蒙版中只有矩形蒙版能进行圆角化处理,即矩形四角变得更圆滑。在预览区中按住◎按钮,往外滑动即可使矩形蒙版圆角化。图9-27所示为圆角效果。

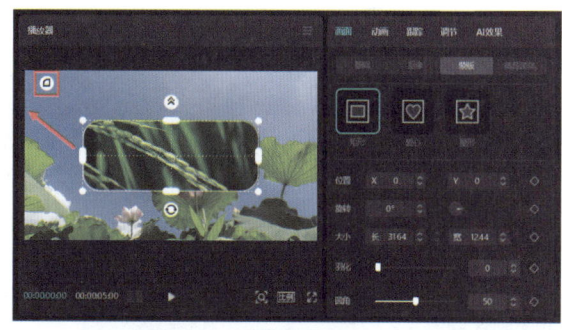

图9-27

此外,单击"蒙版"选项中的"反转"按钮■,蒙版区域会被遮挡,而显现画中画轨道下方的素材,如图9-28所示。

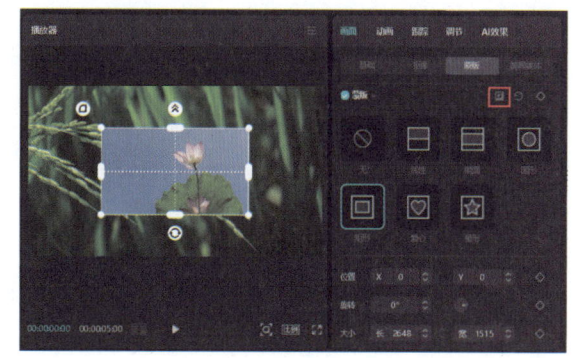

图9-28

9.4 混合模式详解

混合模式是图像技术处理中的一个技术名词,它的原理是通过不同的方式将不同对象之间的颜色混合,以产生新的画面效果。在剪映中同样可以实

137

现素材的混合处理。剪映为用户提供了多种混合模式，充分利用这些混合模式可以制作出漂亮而自然的视频效果。

以图9-29所示为背景层、图9-30所示为混合层为例，对剪映提供的各种视频混合模式进行介绍和效果演示。

图9-30

在剪映专业版中导入素材，将背景层素材添加至主轨道、混合层素材添加至画中画轨道，在检查器窗口中勾选"混合"复选框，即可使用混合模式功能，如图9-31所示。

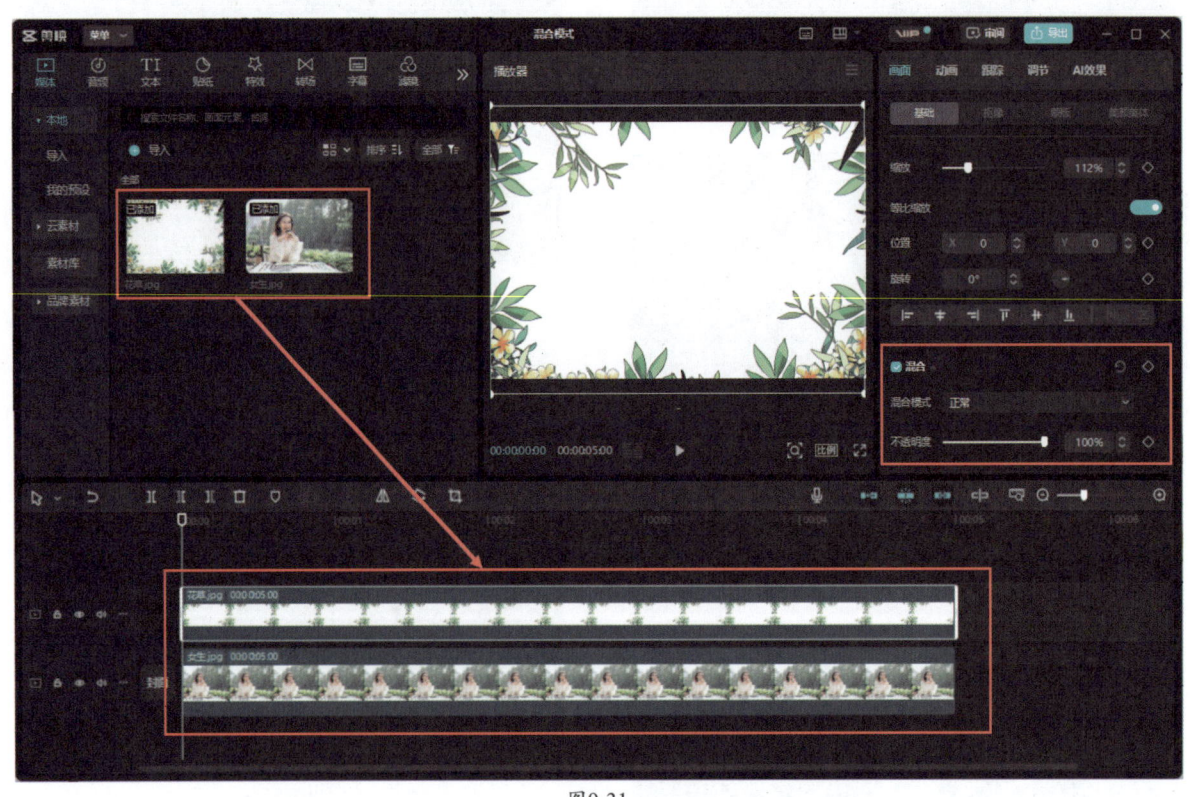

图9-29

图9-31

9.4.1 变亮

变亮混合模式与变暗混合模式的结果相反。替换比混合色暗的像素，不改变比混合色亮的像素，从而使整个图像产生变亮。应用效果如图9-32所示。

图9-32

9.4.2 滤色

滤色混合模式与正片叠底模式相反，它是将图像的基色与混合色结合起来产生比两种颜色都浅的第三种颜色，应用效果如图9-33所示。通过该模式转换后的效果颜色通常很浅，结果色总是较亮的颜色。由于滤色混合模式的工作原理是保留图像中的亮色，利用这个特点，通常对丝薄婚纱进行处理时采用滤色模式。同时滤色模式有提亮作用，可以解决曝光度不足的问题。

图9-33

9.4.3 变暗

变暗模式是混合两图层像素的颜色时，对二者的RGB值进行比较，取二者中较低的值，再组合成为混合后的颜色。总的颜色灰度级降低，造成变暗的效果。应用效果如图9-34所示。

图9-34

9.4.4 叠加

叠加模式可以根据背景层的颜色，将混合层的像素进行相乘或覆盖，不替换颜色，但是基色与叠加色相混，以反映原色的亮度或暗度。该模式对于中间色调影响较为明显，对于高亮度区域和暗调区域影响不大。应用效果如图9-35所示。

图9-35

9.4.5 强光

强光混合模式是正片叠底模式与滤色模式的组合。它可以产生强光照射的效果，根据当前图层颜色的明暗程度来决定最终的效果变亮还是变暗。如果混合色比基色的像素更亮一些，那么结果色更亮；如果混合色比基色的像素更暗一些，那么结果色更暗。这种模式实质上同柔光模式相似，区别在于它的效果要比柔光模式更强烈一些。在强光模式下，当前图层中比50%灰色亮的像素会使图像变亮；比50%灰色暗的像素会使图像变暗，但当前图层中纯黑色和纯白色将保持不变。应用效果如图9-36所示。

图9-36

9.4.6 柔光

柔光混合模式的效果与发散的聚光灯照在图像上相似。该模式根据混合色的明暗来决定图像的最终效果是变亮还是变暗。如果混合色比基色更亮一些，那么结果色将更亮；如果混合色比基色更暗一些，那么结果色将更暗，使图像的亮度反差增大。应用效果如图9-37所示。

图9-37

9.4.7 颜色加深

颜色加深模式是通过增加对比度使颜色变暗以反映混合色，素材图层相互叠加可以使图像暗部更暗；当混合色为白色时，则不产生变化。应用效果如图9-38所示。

图9-38

9.4.8 线性加深

线性加深模式是通过降低亮度使基色变暗来反映混合色。如果混合色与基色呈白色，混合后将不会发生变化。应用效果如图9-39所示。

图9-39

9.4.9 颜色减淡

颜色减淡模式是通过降低对比度使基色变亮，从而反映混合色；当混合色为黑色时，则不产生变化。颜色减淡混合模式类似于滤色模式的效果。应用效果如图9-40所示。

图9-40

9.4.10 正片叠底

正片叠底模式是将基色与混合色相乘，然后再除以255，得到结果色的颜色值，结果色总是比原来的颜色更暗。当任何颜色与黑色进行正片叠底模式操作时，得到的颜色仍为黑色，因为黑色的像素值为0；当任何颜色与白色进行正片叠底模式操作时，颜色保持不变，因为白色的像素值为255。应用效果如图9-41所示。

图9-41

9.5 应用案例：武侠片剑气特效

武侠片中总是有许多酷炫的剑气特效，本节将结合前面所学知识，使用剪映专业版的混合功能和转场功能制作一个武侠片剑气特效短视频。下面介绍详细的制作方法。

STEP 01 在剪映专业版中导入一段"武侠.mp4"素材，并添加至时间轴区域，如图9-42所示。

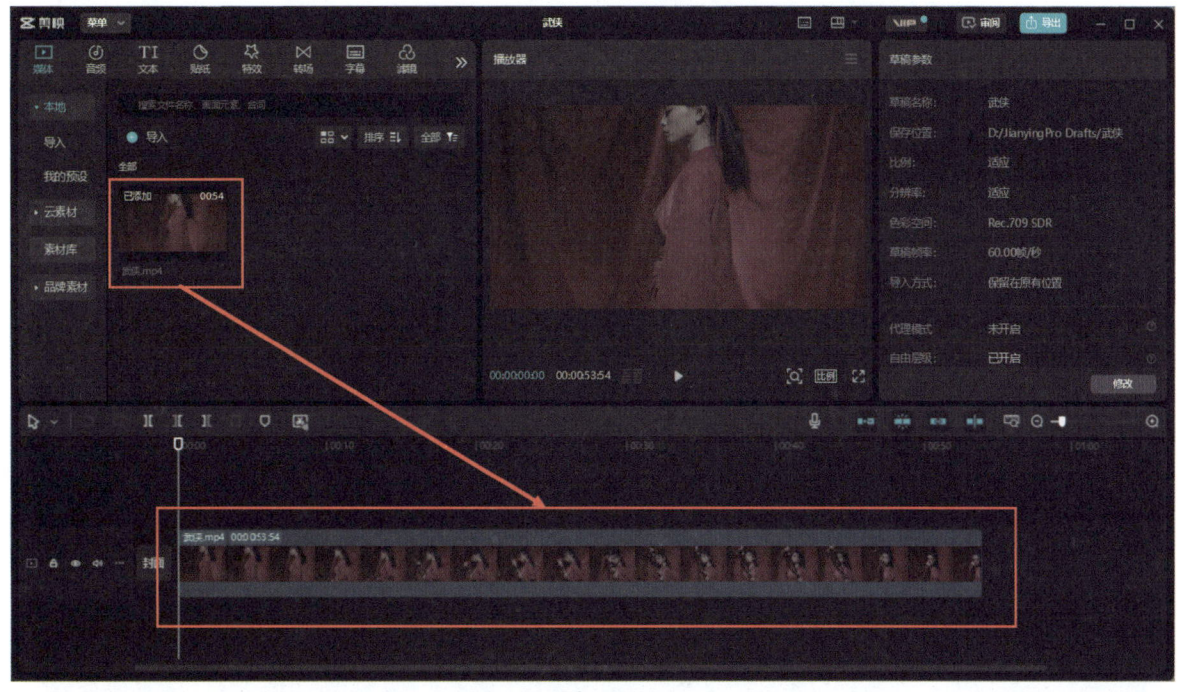

图9-42

STEP 02 选中时间轴区域的视频素材，在检查器窗口中切换至"变速"选项，选择"蒙太奇"变速效果，如图9-43所示。

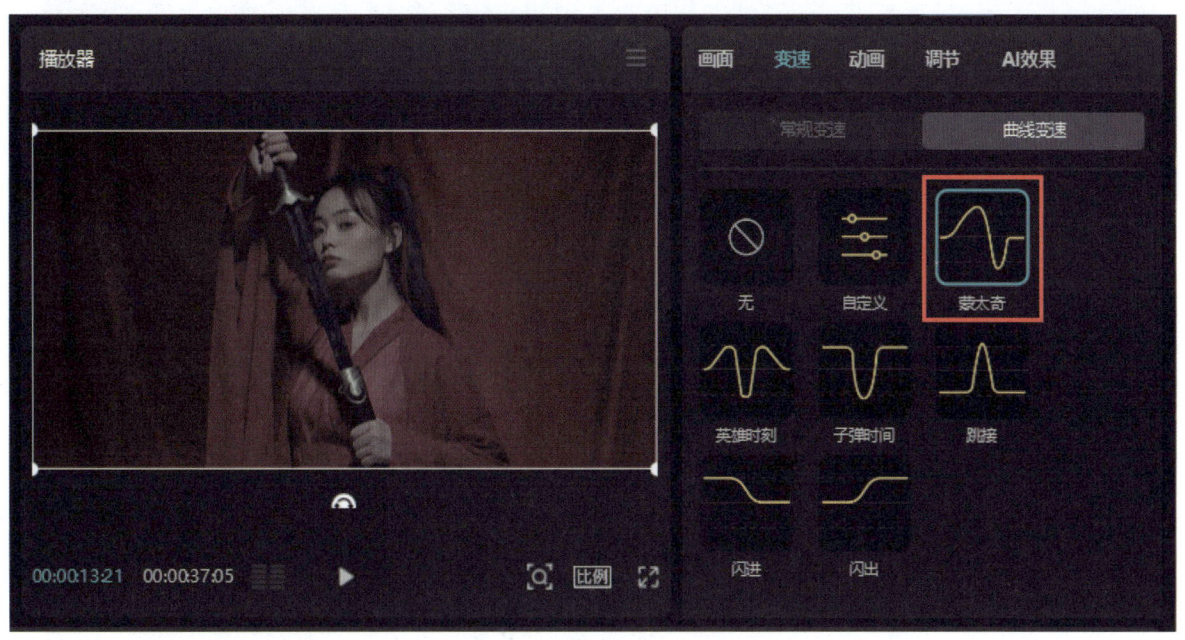

图9-43

STEP 03 移动时间线至曲线变速上由快转慢的中间位置，如图9-44所示。

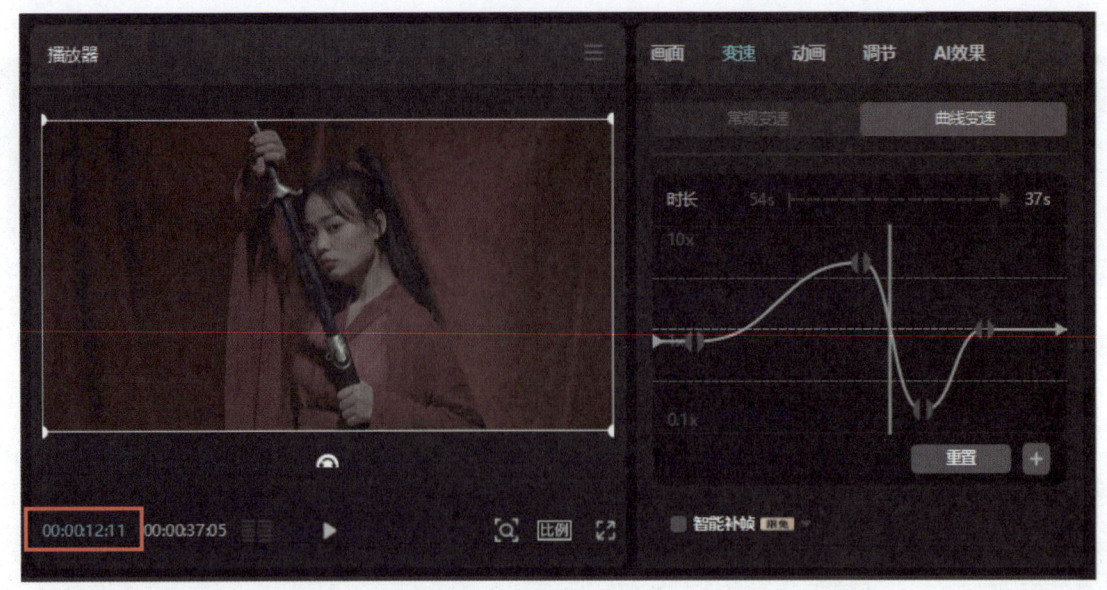

图9-44

STEP 04 选中时间轴区域的视频素材，单击常用工具栏中的"分割"按钮，对素材进行分割操作，便于添加转场效果，如图9-45所示。

图9-45

STEP 05 切换至剪映"素材库"，添加一段剑气素材至时间轴区域，如图9-46所示。

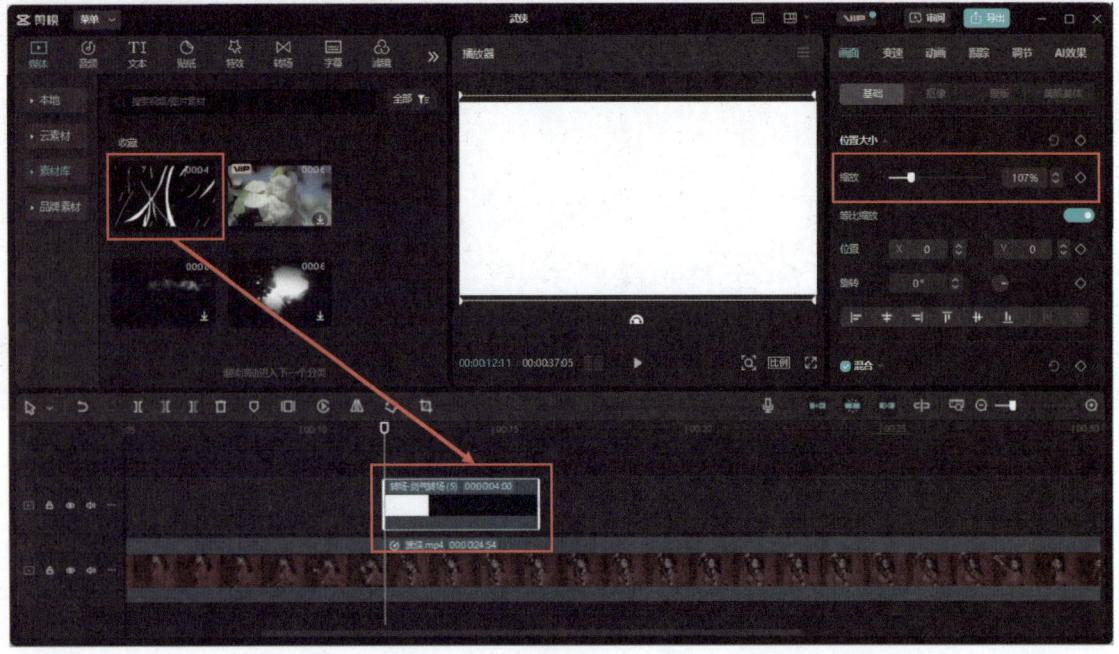

图9-46

STEP 06 在剪映"素材库"中找到一段透明素材,将其添加至时间轴区域,如图9-47所示。

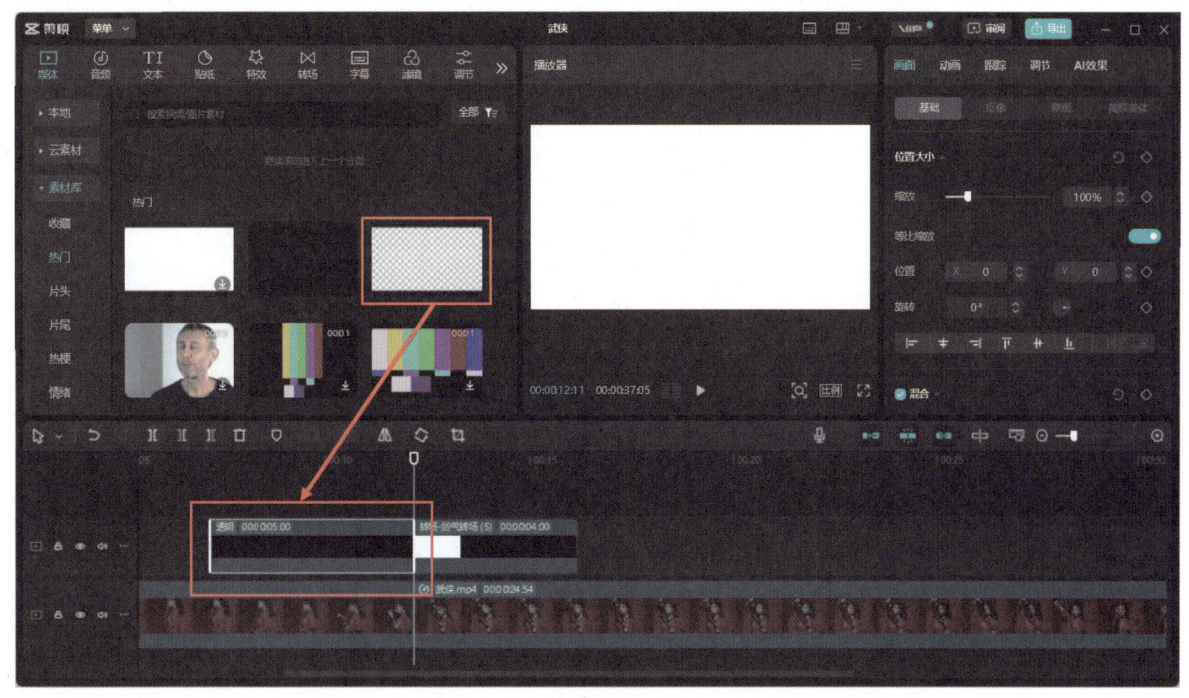

图9-47

STEP 07 选中画中画轨道的剑气特效素材,在检查器窗口中设置该素材的"混合模式"为"滤色",如图9-48所示。

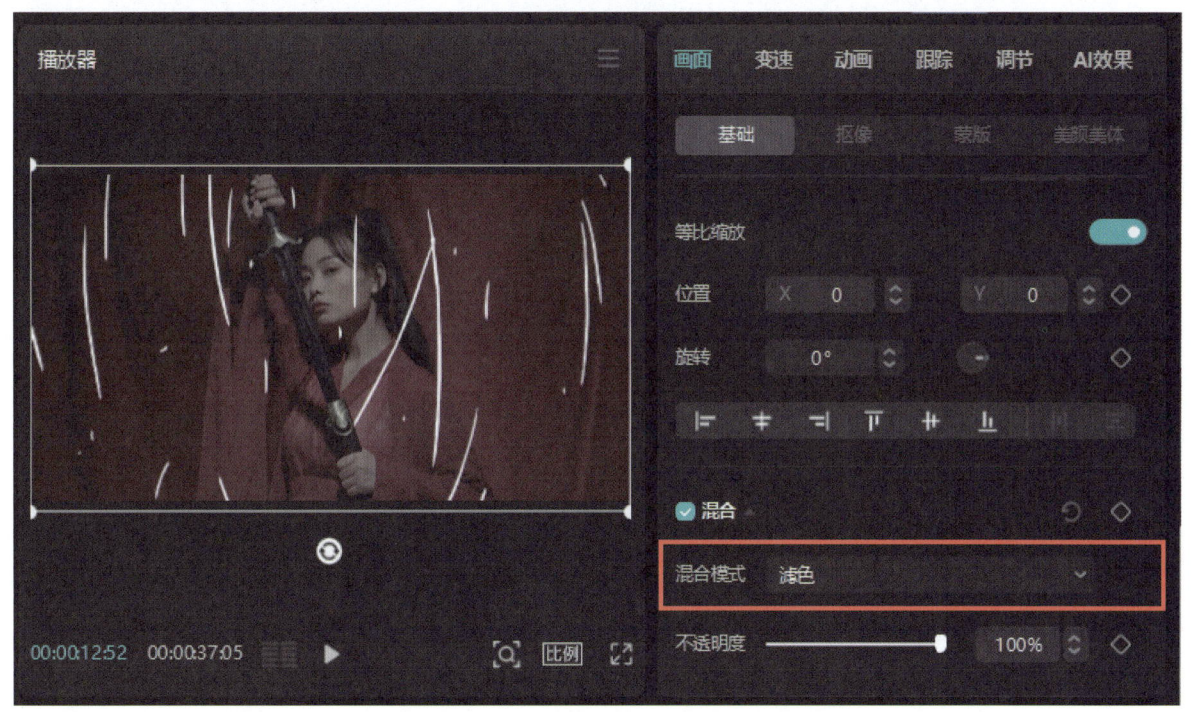

图9-48

STEP 08 切换至"转场"选项,在剪映的"转场效果"中寻找合适的转场效果,将其添加至时间轴区域,如图9-49所示。

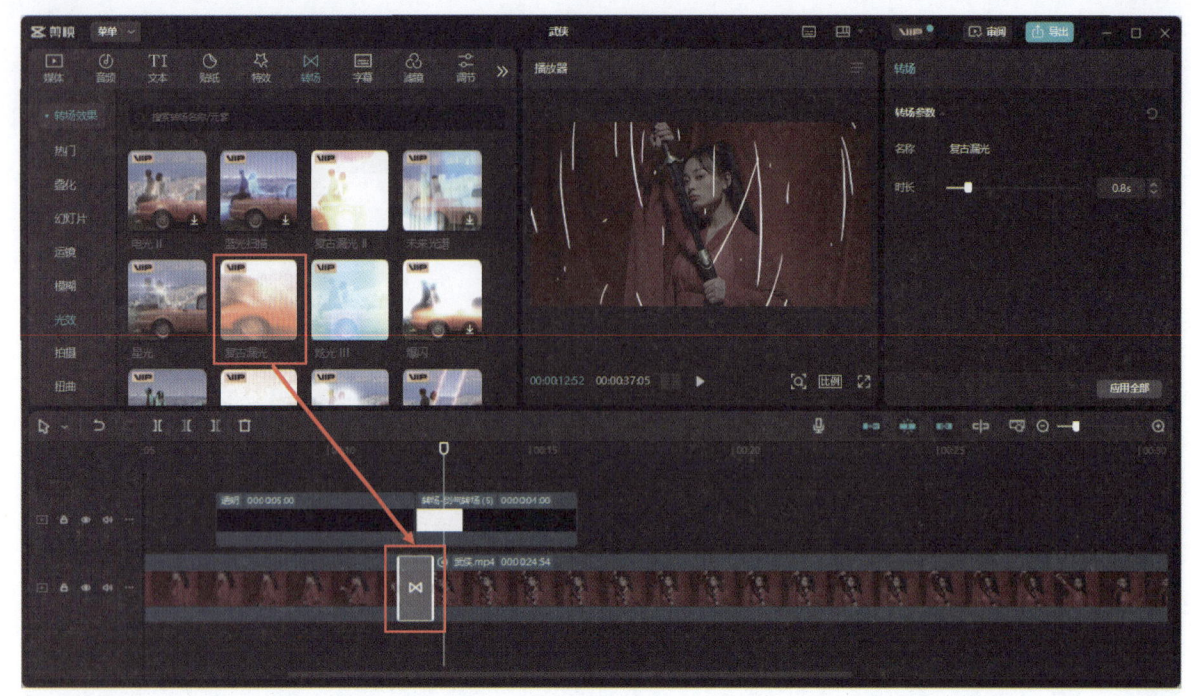

图9-49

STEP 09 在剪映的"转场效果"的"故障"分类下，找到合适的转场效果，将其添加至时间轴区域，如图9-50所示。

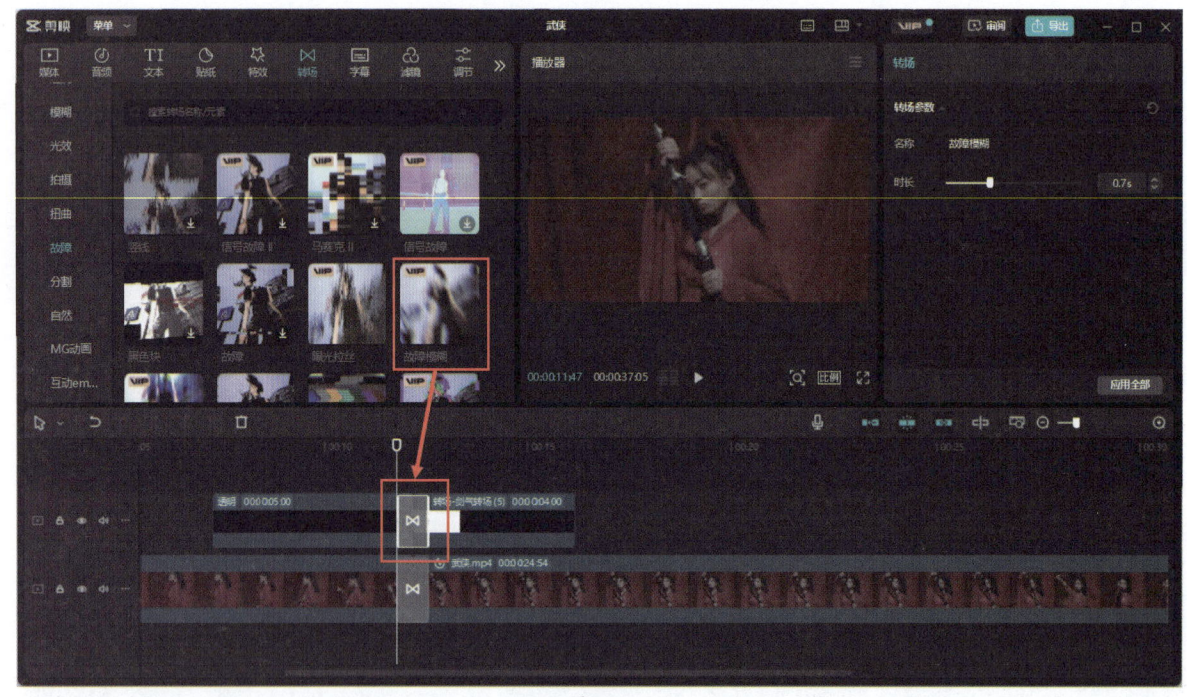

图9-50

STEP 10 在剪映"滤镜库"中添加合适的滤镜效果至时间轴区域，如图9-51所示。

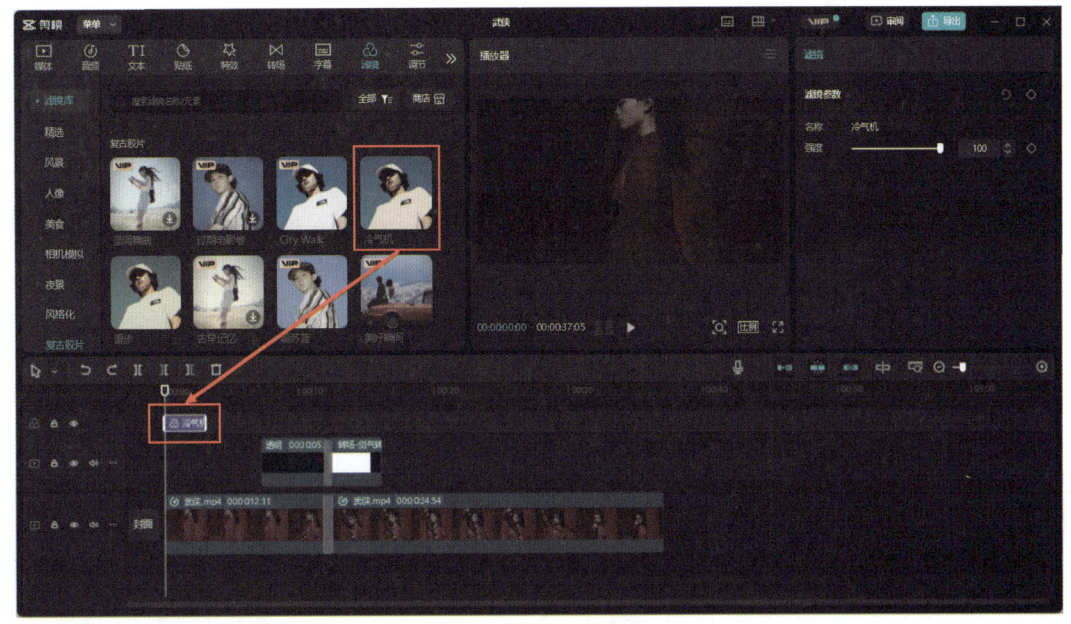

图9-51

STEP 11 在时间轴区域调整滤镜效果时长，与主轨道第一段视频素材时长保持一致，如图9-52所示。

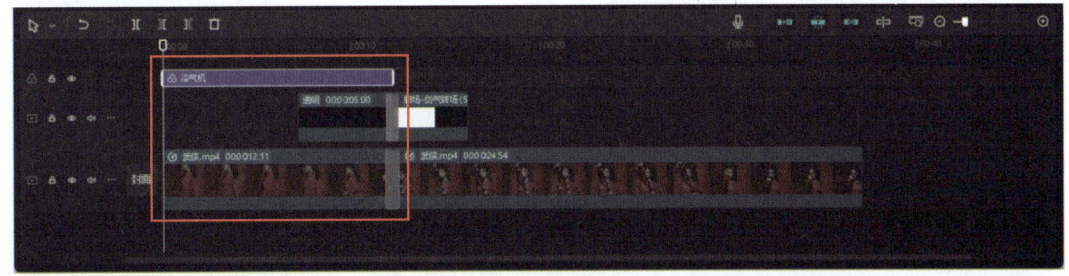

图9-52

STEP 12 在剪映"滤镜库"的"人像"分类下找到合适的滤镜效果，添加至时间轴区域，如图9-53所示。

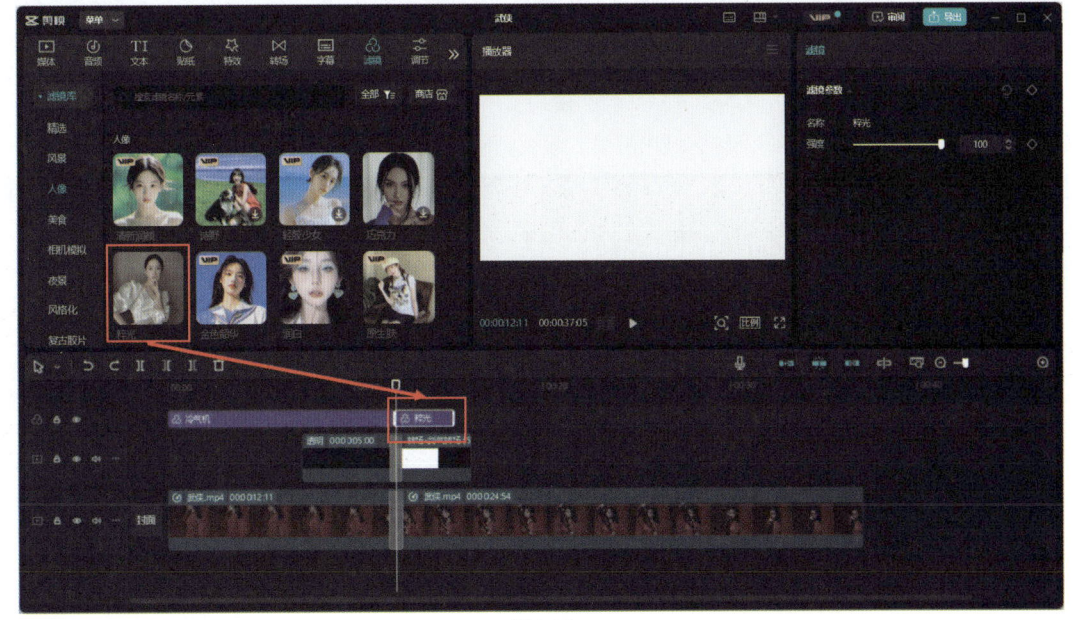

图9-53

STEP 13 调整刚刚添加的滤镜效果时长与时间轴区域的第二段视频素材时长一致，如图9-54所示。

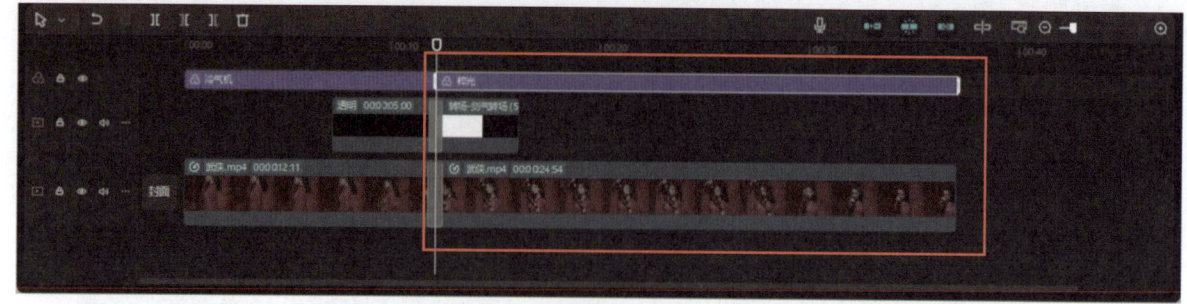

图9-54

STEP 14 切换至"特效"选项，在剪映的"画面特效"中找到合适的画面特效，将其添加至时间轴区域，如图9-55所示。

图9-55

STEP 15 调整添加的特效时长与时间轴区域内的第二段视频素材时长一致，如图9-56所示。

图9-56

STEP 16 在剪映"音乐库"的"国风"分类下，找到合适的背景音乐，将其添加至时间轴区域，如图9-57所示。

146

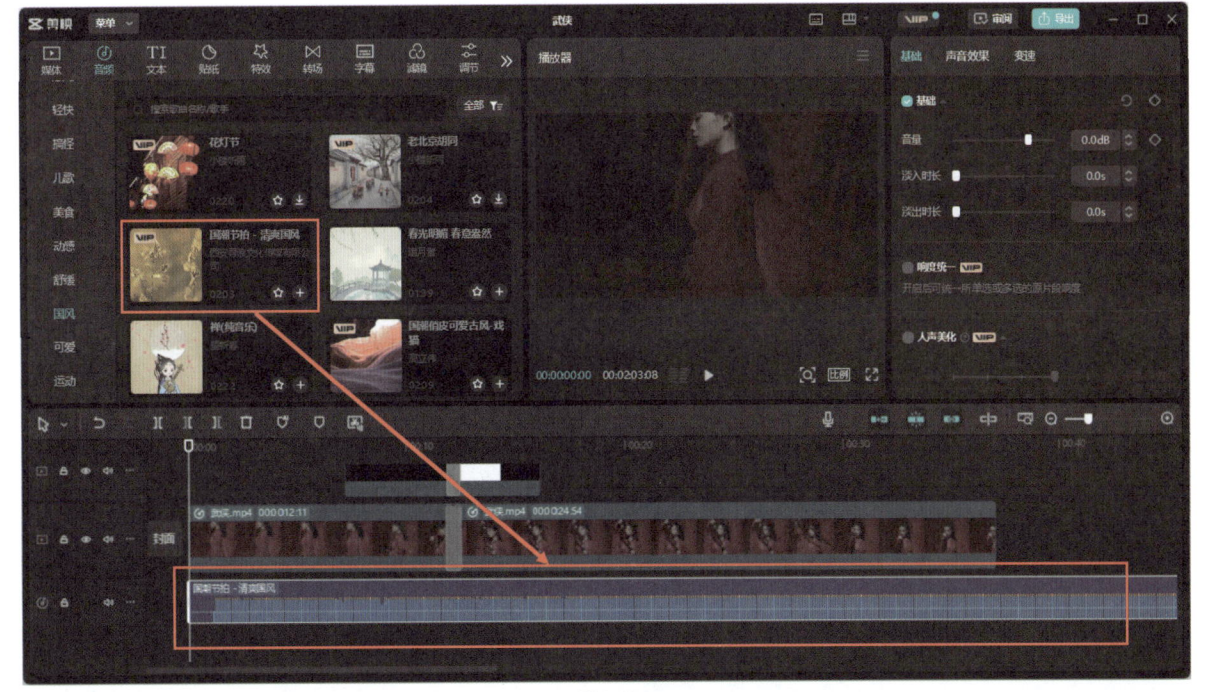

图9-57

STEP 17 选中刚刚添加的音频素材，移动时间线至00:01:00位置，单击常用工具栏中的"向左裁剪"按钮，裁掉音频素材前面的空白片段，如图9-58所示。

图9-58

STEP 18 拖曳音频素材，调整音频素材开始处与视频素材开始处一致。移动时间线至视频素材结束处，选中音频素材，单击常用工具栏中的"向右裁剪"按钮，裁掉多余片段，使音频素材和视频素材时长保持一致，如图9-59所示。

图9-59

STEP 19 完成操作后，预览视频画面效果，如图9-60所示。

图9-60

9.6 拓展练习：仙侠片变身特效

在短视频平台，仙侠片变身特效短视频深受用户喜爱。请读者结合前面所学知识，使用剪映专业版的特效功能和混合模式功能，制作一个仙侠片变身特效短视频，如图9-61所示。

图9-61

9.7 拓展练习：动漫CG灵魂出窍特效

将抠像功能与关键帧功能结合，能够制作出让人惊艳的灵魂出窍特效。请读者结合前面所学知识，使用剪映专业版的智能抠像功能与关键帧功能，制作一个动漫CG灵魂出窍特效短视频，如图9-62所示。

图9-62

9.8 拓展练习：科幻片分身合体特效

分身合体特效非常酷炫，视频画面中人物分身会随着视频播放逐渐合为一体。请读者结合前面所学知识，使用剪映专业版中的特效功能制作一个科幻片分身合体特效短视频，如图9-63所示。

图9-63

第 10 章
AI 联动——与 AI 工具关联使用

本章主要介绍可以和剪映关联使用的AI工具。使用AI工具可以完成文案创作、素材创作等工作。注意，AI工具的选择并不是局限在本章介绍的工具中，读者可以根据需求搜索其他类似的AI工具。使用AI工具制作视频的重点是制作思路和流程，读者应该在不同环节灵活地借助AI工具来提升工作效率。

10.1 AI 概述

10.1.1 关于 AI

AI（Artificial Intelligence，人工智能）作为一门学科和一个工程领域，主要研究如何使计算机系统具有智能行为，包括使计算机能够模拟人类思维和行为的技术和算法。

现如今，AI包含许多研究方向，包括机器学习、深度学习、自然语言处理、计算机视觉和机器人学等。例如工厂车间使用AI将生产流水线智能化，如图10-1所示，它们采用各种不同的技术和方法完成各种类型的智能任务。AI已广泛应用于众多领域，如医疗保健、金融、娱乐、制造业和多媒体等。

图10-1

AI也可以应用在视频制作的全过程，包括内容生成、数据分析、视频剪辑和效果优化等环节。AI能为视频创作者提供强大的工具，从此视频创作者不仅增加了创意选择，还提高了创作效率，可以创作出更优秀的视频效果。

10.1.2 AI 在视频制作中的角色与应用

目前AI已经对视频制作方式产生了深远影响，为内容创作者和观众提供了独特的体验。

1. 角色

AI在视频制作领域扮演的角色较多，主要表现在以下方面。

- 辅助特效融合：借助图像分割和深度学习技术，AI能够自动识别并分离特效元素，为后期编辑和调整提供便利。
- 视频溯源去重：面对大量重复的视频内容，使用AI高效判定视频的唯一性和内容来源，从而有效打击剪接、改编等行为。
- 生成虚拟角色或场景：在虚拟直播、游戏等领域，以及VR（虚拟现实）和AR（增强现实）应用中非常重要。
- 自动化处理视频编辑任务：使用AI能够节省制作时间，同时通过识别镜头、切换和过渡，使AI能帮助创作者选择合适的片段进行创作。
- 优化视频效果：使用AI可以进行噪声消除、人声分离、音频增强和语音识别等操作，也可以改善质量、修复瑕疵、增加特效和滤镜，在音频、视频两方面对视频进行优化，从而提高视频质量。
- 自动识别画面内容：使用AI可以自动识别视频中的物体、场景和情感基调，对于内容审核、广告定位和内容推荐非常重要。同时AI也能分析视频数据，收集用户的观看偏好、观看行为、视频完播率等信息，辅助创作者进行内容改进。

AI并不是全能的，AI视频制作技术发展也受限于知识产权、技术力和伦理问题等因素，在使用AI时要合理、合法、合规。

2. 应用

AI工具在视频制作中的作用，主要表现在以下几方面。

- 生成素材：使用AI工具可以生成逼真的图片或视频素材，包括虚拟场景、特效元素、虚拟角色等。这为视频制作提供了更多的创意选择，并能使制作出的视频更具吸引力。使用AI工具生成的图片素材如图10-2所示。

图10-2

- 实时处理视频：AI工具可以对视频进行实时处理，包括实时美颜、应用特效、虚拟背景等，从而改善视频观看体验。
- 处理音频：AI工具可以处理音频，包括制作音频特效、合成音频及识别语音等。另外AI工具可以提供丰富的音频效果，使视频更具吸引力。
- 生成字幕和翻译：AI工具可以自动生成字幕和翻译，有利于将视频内容本地化，以扩大视频的传播范围。
- 制作特效：AI工具可以模拟现实世界中的效果，如火焰、水流和风，从而创作出逼真的视觉效果。这对电影、游戏和广告制作而言，将是非常好用的功能。例如在Runway的工具介绍页中，就告诉了用户在Runway中可以实现怎样的效果，如图10-3所示。

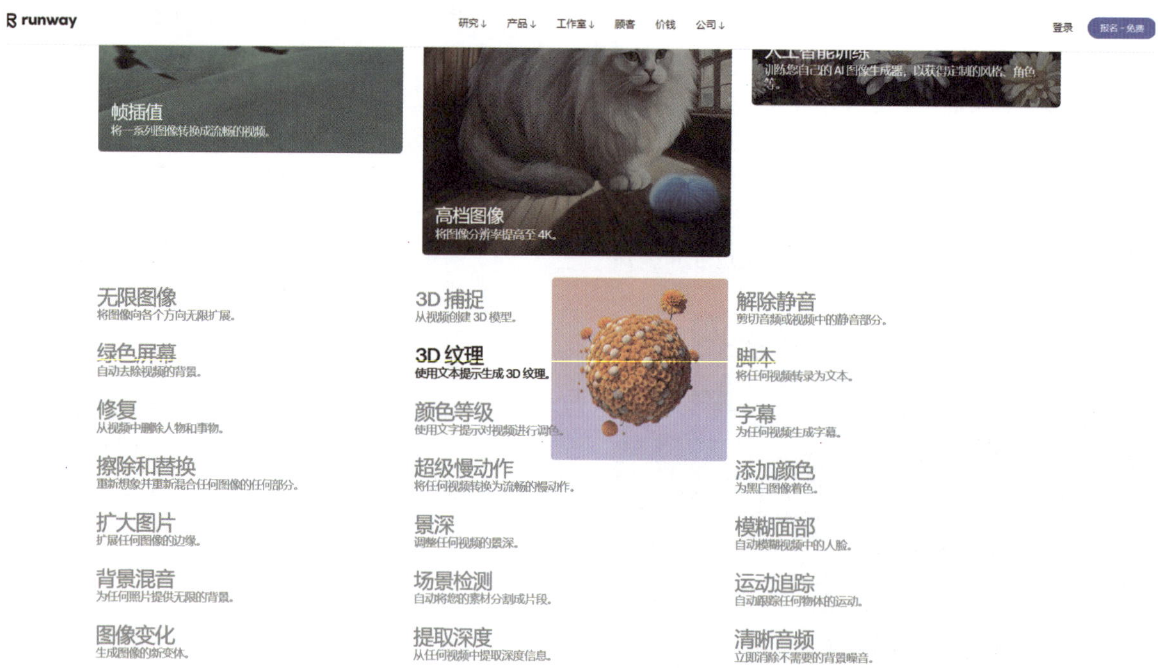

图10-3

10.2 文本类AI工具

DeepSeek和豆包都属于文本类的AI工具，在自然语言处理和人机交互领域实现了技术创新与突破，通过这两个工具我们可以生成脚本或文案，极大程度地提升了创作者的工作效率。

10.2.1 DeepSeek

DeepSeek，是由深度求索公司（DeepSeek Inc.）开发的人工智能助手，如图10-4所示。DeepSeek通过先进的技术能力，为用户提供高效、精准的信息服务，同时持续探索通用人工智能（AGI）的边界。

作为一款非常优秀的国产AI工具，DeepSeek能够为用户提供多领域问答，涵盖科学、技术、文化、生活等广泛主题，致力于用简洁语言解析复杂问题。不同于其他同类型AI工具，DaapSeek的逻辑推理能力更强，这也让DeepSeek更加擅长数学

150

计算、代码编写、数据分析等需要结构化思维的任务。

图10-4

作为国产AI工具，DeepSeek相较于其他工具，它对中文语义的识别分析更加准确，在问答时可流畅使用中文、英文等多种语言进行交流。而且，DeepSeek具备持续进化的能力，能够基于大规模预训练模型，通过算法迭代与用户反馈不断优化表现。

在以前的文本类AI工具进行问答时，只有提问、回答这两部分。DeepSeek的回答却和其他文本类AI工具不一样，多出了深度思考的过程，如图10-5所示。

图10-5

DeepSeek向用户提供了两种模型，分别是DeepSeek-R1和DeepSeek-V3。切换模型也非常简单，单击DeepSeek的提问框下方的"深度思考"按钮，如图10-6所示，即可使用DeepSeek-R1模型来生成回答，反之则是使用DeepSeek-V3模型来生成回答。

图10-6

由于DeepSeek训练库使用的数据目前仅更新至2023年12月，在询问一些具有较强时效性的问题时，存在滞后性。所以在提问时用户可以选择使用"联网搜索"模式，那么在生成回答时，DeepSeek就会去联网搜索相关信息，确保回答的合理性。

除此之外，DeepSeek还可以上传文件进行提问，如图10-7所示。上传文件后，DeepSeek会自动识别文件内的文字部分。但需要注意的是，使用"上传文件"功能时，则不能使用"联网搜索"功能。

图10-7

> **提示**
>
> DeepSeek因为使用人数过多，有时在提问后并未生成回答，如果用户着急使用，那么可以选择第三方接入DeepSeek的平台进行提问。或选择使用DeepSeek API服务，进行本地部署，也可以进行提问。

10.2.2 豆包

豆包是抖音母公司字节跳动基于云雀模型开发的文本类AI工具，如图10-8所示，向用户提供了聊天机器人等功能，它可以回答各种问题并进行对话，帮助用户解决问题。目前豆包支持网页Web平台、Windows/macOS电脑版客户端、iOS以及安卓平台。

图10-8

豆包采用了先进的自然语言处理（NLP）、机器学习（ML）等人工智能技术，能够不断学习和适应用户的需求。通过分析用户的历史交互数据，可以了解用户的兴趣爱好、使用习惯和需求偏好，从而为用户提供更加个性化的服务。例如，当用户经常询问关于科技领域的问题时，豆包会主动为用户推荐最新的科技资讯和相关的科普文章。同时，还能根据用户的反馈不断优化，提高服务的准确性和智能化水平。

支持多种语言之间的互译，包括常见的英语、法语、西班牙语等，以及一些小语种。无论是文本翻译还是语音翻译，豆包都能做到准确流畅，帮助用户打破语言障碍，实现跨文化的沟通与交流。例如，当用户收到一封英文邮件，却不太理解其中的内容时，豆包可以将邮件内容完整地翻译成中文，让用户轻松读懂。

相较于其他同类型的AI工具，豆包的功能更加丰富，使用也更加便捷，如图10-9所示。

图10-9

使用文本类AI工具时，都需要使用提示词来调整AI，那么在选择提示词时我们应注意以下几点：

- 避免提出开放性问题：提示词应具体、明确，不要使用模糊、不确定的提示词，例如好像、可能、也许、大概等。
- 合理增加细节：根据不同的场景和人物在提示词中合理增加细节，为豆包提供合适的指引和帮助。
- 制定明确的要求：要求明确可以使豆包快速、准确地完成任务。
- 多语言适配：如果涉及多语言环节，用户应该考虑不同语言之间的差异和翻译问题，以确保提示词的准确性和可用性。
- 避免提出太过复杂的问题：太复杂的问题可能导致指令不清或逻辑冲突。

10.3 绘画类AI工具

提到绘画类AI工具，Midjourney和Stable Diffusion是绕不开的两座"大山"。前者以操作简单、出图效率高、入门门槛低的特点成为许多新手"小白"的心头好；后者则以模型学习能力强、精准度高、可编辑性强的特点而深受画师、设计师喜爱。

10.3.1 Midjourney

Midjourney是一款付费且闭源的AI绘画软件，如图10-10所示。它于2022年3月面世，创始人是David Holz。

图10-10

Midjourney并没有以App或者网站的形式提供服务，而是将服务搭载在Discord的频道上。用户可以进入Discord的Midjourney服务器，选择一个频道，然后在聊天框里调用"/imagine"命令，输入描述画面的提示词（仅支持英文），等待1min左右，就可以生成对应的图像，如图10-11所示。Midjourney所有的功能都是通过调用聊天机器人程序实现的。对于大多数人来说，这是一种新奇的体验。

图10-11

Midjourney的最新模型拥有更多关于生物、地点、物体的知识，它更擅长正确处理小细节，并且可以处理包含多个角色或对象的复杂提示。

Midjourney一直在努力改进其算法，每隔几个月就会发布新的模型版本。

1. Midjourney的优势

- 专注于模型迭代：Midjourney是闭源的并且已经盈利了，未来将会有足够的现金流来支撑它的研发。在竞争的初期保持闭源，能够保持自己的竞争优势，从而将注意力更多地花在产品的提高上。
- 图片质量高：目前Midjourney制作的图片质量都比较高，它的水平下限比Stable Diffusion高不少。另外工具软件也相对简洁、易用，相比复杂的Stable Diffusion而言，轻便许多。
- 产品特性强：Midjourney团队不断致力于优化产品体验，他们致力于将Midjourney打造成一个庞大的、精致的、易用的、高效的基础设施。

2. Midjourney的缺点

- 使用成本高：Midjourney是付费应用，每生成一张图，都会消耗对应的积分。为了获得满意的图片，用户往往需要进行多次修改和调整，而这带来了昂贵的使用成本。
- 画面控制能力不足：目前，Midjourney无法像Stable Diffusion那样，允许用户通过ControlNet插件，对画面的构图、人物的动作甚至表情进行干预。用户可以通过设置参考图的方式来影响图片生成，但可控性不强。
- 无法使用自定义的插件或模型：在Midjourney中用户无法训练并使用自己的模型，用户无法自由探索创作的边界，也没有足够多的第三方插件供用户选择使用。

10.3.2 Stable Diffusion

Stable Diffusion是2022年发布的一个基于深度学习的从文本到图像的生成模型，由CompVis、Stability AI和LAION的研究人员和工程师创建，该模型可以用于根据文本描述生成指定内容的图像，即"文生图"；还可以用于图像的局部重绘、外扩补充、高清修复，甚至生成视频动画等。Stable Diffusion软件界面如图10-12所示。

Stable Diffusion在ADD架构上更新迭代了LADD架构，并基于LADD架构推出了Stable Diffusion 3模型。该模型简化了图像生成流程，现在只需要4个采样步骤就可以生成图像；同时降低了设备的性能要求，在消费级PC上也能轻松使用，并实现了高像素的图像生成。目前Stable AI公布了稳定版的Stable Diffusion 3 Medium，如图10-13所示，这是Stability AI迄今为止最先进的文生图开放模型。

图10-12

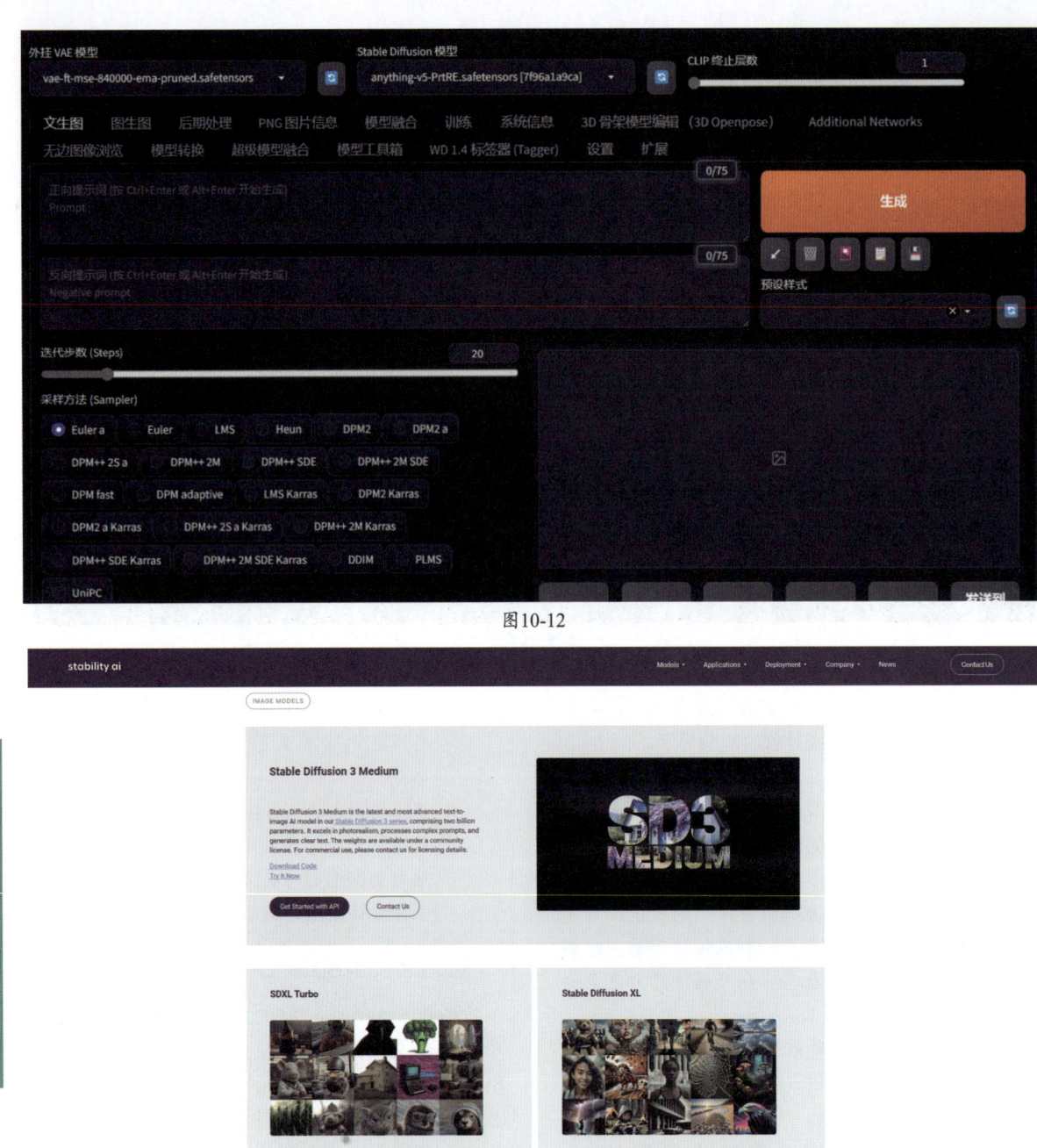

图10-13

　　Stable Diffusion 3 Medium 是一个拥有20亿参数的Stable Diffusion 3 模型，显著特点如下。

- 整体质量和照片级真实感：提供具有出色细节、色彩和光照的图像，实现照片级真实感输出以及灵活风格的高质量输出，如图10-14所示。通过16通道、VAE等创新，成功解决了其他模型的常见缺陷，例如手部和面部的真实感。

图10-14

- 提示理解：理解涉及空间推理、构图元素、动作和风格的长而复杂的提示。利用三个文本编码器或组合，用户可以在生成质量与效率间找到一个平衡点。
- 排版：利用Stable AI的Diffusion Transformer architecture，实现前所未有的文本质量，在拼写、字距、字母形成和间距方面的错误更少。
- 资源高效：由于VRAM占用空间小，非常适合使用标准消费级显卡进行图像生成，且不会影响生成图像的质量。
- 微调：能够从小数据集中吸收细微的细节，便于创作者对图像进行调整。

相较于传统的深度学习模型，Stable Diffusion具备许多独特的优势，使其成为艺术家和设计师们青睐的选择。Stable的优势如下。

- 开源免费：Stable AI将Stable Diffusion上传至GitHub，供用户免费使用。GitHub是世界上最大的代码托管网站和开源社区，在这样的环境下，使用者会共同完善模型文档，一起解决技术难题，从而使代码的迭代速度加快，优化效率远远高于闭源系统，也能为用户带来较好的使用体验。
- 本地部署：Stable Diffusion的数据可以在本地进行部署，无须联网，从而提供极高的安全性。用户可以将数据存储在本地服务器上，不必依赖于外部网络连接。这种本地部署的方式提供了更好的隐私保护和数据安全。
- 高度拓展性：Stable Diffusion具有高度的拓展性，使用户可以根据自己的需求对软件进行自定义修改。用户可以自行安装插件来扩展软件的功能。这种灵活性允许用户根据自身行业需求定制软件的细节，以满足特定的要求。

10.4 视频类 AI 工具

在视频剪辑中，创作者也可以使用一些视频类AI工具辅助视频创作，以获得更好的视频画面效果。例如Topaz Video AI可以在后期剪辑中提升视频的质量；腾讯智影可以为视频添加逼真的数字人效果。

10.4.1 Topaz Video AI

在视频制作和剪辑领域，Topaz Video AI凭借其先进的人工智能技术，迅速成为了一款备受推崇的工具，其官网界面如图10-15所示。其卓越的功能和高效的工作流程，为视频剪辑带来了前所未有的便利和创作自由。为了便于理解，本书使用的是中文版的Topaz Video AI V5.1.4。

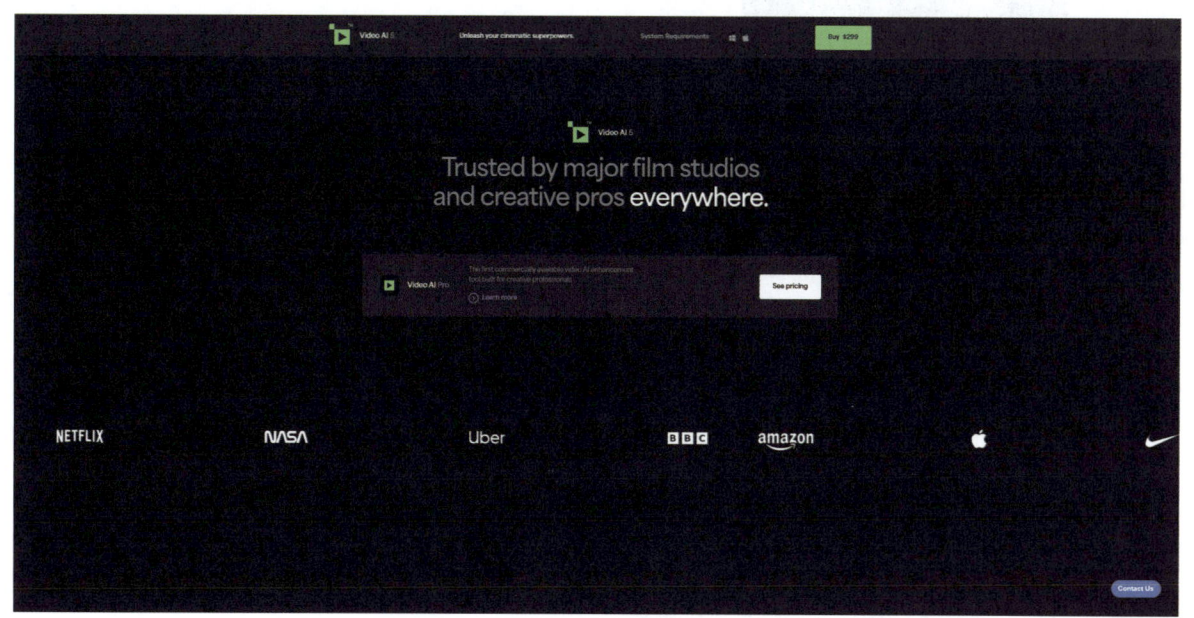

图10-15

Topaz Video AI以其强大的视频增强功能脱颖而出。使用Topaz Video AI能够轻松提升视频分辨率，只需要将视频导入Topaz Video AI中即可选择合适的AI模型进行画面修复，导入界面如图10-16所示。传统的分辨率提升会导致图像模糊和细节丢失，但Topaz Video AI通过深度学习算法，能够分析并填补画面细节，从而生成更加清晰、锐利的视频。

图10-16

导入视频后，用户可以选择合适的"增强"模型来修复画面，如图10-17所示。

图10-17

"增强"模型介绍如下。

- Proteus（普罗透斯）：该模型提供了高度个性化的设置，允许调整修复压缩，改善细节，提高、降低噪点等参数，能够适应各种画面。
- Iris（伊利斯）：这是第一个专门为视频设计的面部增强AI 模型。Iris最适合处理交错、嘈杂或压缩的面部质量下降的素材。
- Nyx（尼克斯）：用于去噪高质量视频的新模型，该模型的重点是在光照条件不太理想的情况下使用高质量相机拍摄的素材。
- Artemis（阿尔忒弥斯）：该模型为视频降噪和细节增强而设计，通常用于改善带有大量噪点的镜头。

- Gaia（盖亚）：该模型着重于较为自然的修复效果，适合放大和增强视频，同时会尽可能地保留原视频的信息。
- Theia（忒提亚）：该模型的清晰度和降噪效果是最好的，但用在人像上会丢失大部分细节，只适用于动漫类型或是画质较低的视频修复。

此外，Topaz Video AI的"帧插值"功能也是一大亮点，如图10-18所示。其独特的运动估计算法，使这款工具能够生成平滑且真实的补帧效果，而不会出现常见的卡顿和模糊。这对于制作需要精确展示运动细节的体育视频、动作片段等，具有极高的实用价值。

图10-18

"帧插值"模型介绍如下。

- Apollo（阿波罗）：为高质量的视频进行帧插值操作而设计的模型，能够在现有帧之间创建新帧以实现平滑运动。生成的视频质量较高，但生成速度较慢。
- Apollo Fast（阿波罗快速）：Apollo模型的更快版本，牺牲一定画面质量来换取更快的生成速度。
- Chronos（克洛诺斯）：用于实现高质量的慢动作效果，能够生成额外的帧以实现流畅的慢动作画面。可以使用该模型模拟高速摄像机拍摄的镜头效果。
- Chronos Fast（克洛诺斯快速）：Chronos模型的更快版本，牺牲一定的画面质量来换取更快的生成速度。
- Aion（埃翁）：Aion模型能够对高分辨率输入进行更准确的运动估计。Aion会以多个尺度分析输入，考虑整个帧，而不是严格将输入划分为色块，从而提高整体精度。

10.4.2 即梦

即梦AI是一个生成式人工智能创作平台，基于"让灵感即刻成片"的理念，即梦AI为众多用户提供得心应手的创作工具和源源不断的创作灵感。即梦支持通过自然语言及图片输入，生成高质量的图像及视频。并向用户提供智能画布、故事创作模式，以及首尾帧、对口型、运镜控制、速度控制等AI编辑工具。

即梦还有海量影像灵感及兴趣社区，创作时不用担心没有灵感，浏览兴趣社区就可以拓展思路，兴趣社区中提供用户创意灵感、流畅工作流、社区交互等资源，为用户的创作提效，其界面如图10-19所示。

图10-19

即梦依托字节跳动强大的人工智能技术和大数据分析能力，实现了视频生成的高度自动化，如图10-20所示，用户无需复杂的操作便可轻松制作出高质量的视频内容。这种技术优势不仅降低了视频制作的门槛，使得普通用户也能制作出专业级别的视频作品，还大幅提升了制作效率，为创作者节省了大量时间和精力。

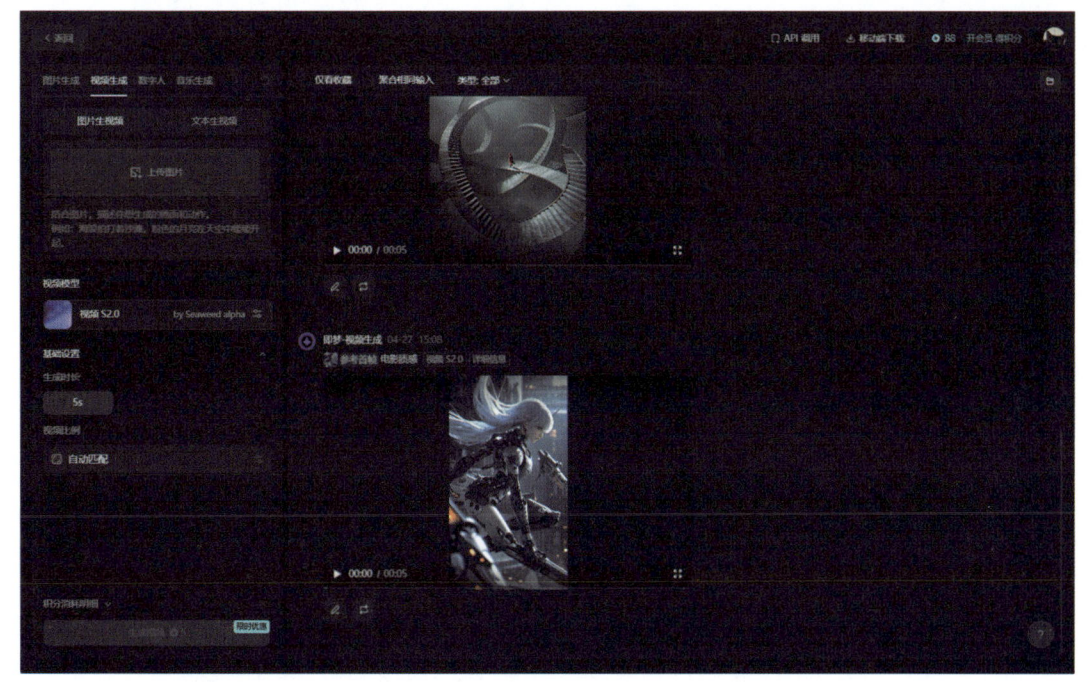

图 10-20

10.5 应用案例：故事绘本制作

在本节中，我们将结合前面所学知识，使用DeepSeek、Midjourney与剪映联动，制作一个故事绘本视频，接下来介绍详细的制作过程。

10.5.1 使用DeepSeek生成文本内容

STEP 01 打开浏览器，通过搜索引擎，打开DeepSeek，进行提问。

💬 请帮我创作一个以小熊艾比和小鸟艾拉为主角，8页左右的关于友谊和冒险的绘本故事，主要面对儿童，并标清楚每一页的内容。

🤖 绘本故事：小熊布鲁和小鸟艾拉的友情冒险

封面

蓝天白云下，小熊布拉和小鸟艾拉站在一起，脸上洋溢着快乐的笑容。标题："小熊布鲁和小鸟艾拉的友谊冒险"。

第一页：在一片宁静的森林里，小熊布鲁和小鸟艾拉是最好的朋友。每天，他们都会在一起玩耍，享受大自然的美好时光。

文字内容：在宁静的森林里，小熊布鲁和小鸟艾拉每天都在一起玩耍，他们是最好的朋友。

第二页：小熊布鲁和小鸟艾拉在森林里玩耍，他们脸上都带着开心的笑容，阳光透过树叶洒在他们身上，显得格外温暖。

文字内容：每一天，他们都在森林里玩耍，脸上总是挂着开心的笑容。

第三页：小鸟艾拉站在高高的树枝上，向地面上的小熊布鲁描述天空中的美景。艾拉兴奋地讲述着蓝天、白云和飞翔的感觉。

文字内容：艾拉在树枝上兴奋地向布鲁描述天空的美景，蓝天、白云还有飞翔的感觉。

第四页：小熊布鲁和小鸟艾拉决定一起制作一个风筝，艾拉在指导，小熊认真地学习，两人齐心协力制作出一个美丽的风筝。

文字内容：他们决定一起制作一个风筝，艾拉在指导，布鲁认真地学习。

第五页：小熊布鲁坐在风筝上，小鸟艾拉在前面引导风筝。风筝逐渐离开地面，飞向天空。

文字内容：小熊布鲁坐在风筝上，小鸟艾拉在前面引导，他们正离开地面。

第六页：风筝在五彩缤纷的云朵和美丽的自然景观之间飞行，布鲁和艾拉感受到天空的广阔和美丽。

文字内容：风筝在五彩缤纷的云朵和美丽的自然景观之间飞行，布鲁和艾拉感受到天空的广阔和美丽。

第七页：小鸟艾拉努力引导风筝，小熊布鲁紧张地拽着风筝的绳子，他们的心中都充满了冒险的兴奋。

文字内容：小鸟艾拉努力引导风筝，小熊布鲁紧张地拽着风筝的绳子，他们的心中都充满了冒险的兴奋。

封底：夕阳西下，小熊布鲁和小鸟艾拉坐在一起，看着美丽的落日，脸上都洋溢着幸福的笑容。

文字内容：夕阳西下，小熊布鲁和小鸟艾拉坐在一起，看着美丽的落日，脸上都洋溢着幸福的笑容。

STEP 02 再次输入指令，让DeepSeek生成画面概述。

💬 请为上面生成的绘本故事添加简单的图像描述，不需要多余的形容词，概述画面内容即可。

🤖 **封面**

图像描述：小熊布鲁和小鸟艾拉站在一起，背景是蓝天和白云。

第一页

图像描述：小熊布鲁在草地上奔跑，小鸟艾拉在他头顶飞翔，周围是高大的树木。

第二页

图像描述：小熊布鲁和小鸟艾拉在森林里笑着，背景有野花和阳光。

第三页

图像描述：小鸟艾拉站在树枝上，向小熊布鲁描述天空，小熊布鲁在树下仰望。

第四页

图像描述：小熊布鲁和小鸟艾拉一起制作风筝，艾拉在指导，布鲁在学习。

第五页

图像描述：小熊布鲁坐在风筝上，小鸟艾拉在前面引导风筝，风筝离开地面。

第六页

图像描述：风筝在五彩缤纷的云朵和自然景观之间飞行，小熊布鲁和小鸟艾拉在风筝上。

第七页

图像描述：小鸟艾拉在风中引导风筝，小熊布鲁紧张地拽着风筝的绳子。

封底

图像描述：夕阳西下，小熊布鲁和小鸟艾拉坐在一起看着落日，脸上带着笑容。

STEP 03 根据步骤4中的图像描述，使用DeepSeek提炼提示词，便于在Midjourney中生成图片。输入指令和指定格式，如图10-21所示。

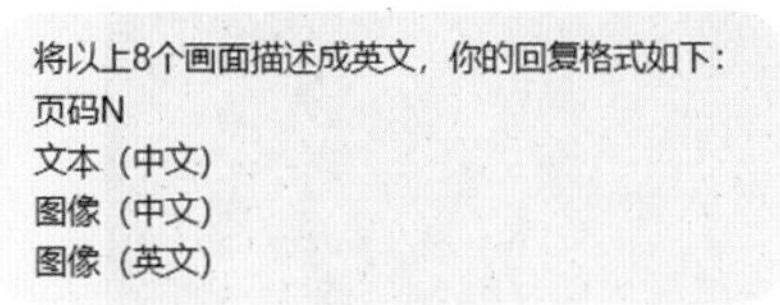

> 将以上8个画面描述成英文,你的回复格式如下:
> 页码N
> 文本(中文)
> 图像(中文)
> 图像(英文)

图 10-21

STEP 04 DeepSeek会根据前面提供的故事内容,给出相应的英文描述。

绘本故事:小熊布鲁和小鸟艾拉的友谊冒险封面

页码0

文本:小熊布鲁和小鸟站在一起,背景是蓝天和白云。

图像:小熊布鲁和小鸟艾拉站在一起,背景是蓝天和白云。

图像(英文):Little Bear Blue and Little Bird Ella standing together against a blue sky and white clouds.

第一页 页码1

文本:在宁静的森林里,小熊布鲁和小鸟艾拉每天都在一起玩耍。他们是最好的朋友。图像:小熊布鲁在草地上奔跑,小鸟艾拉在他头顶飞翔,周围是高大的树木。

图像(英文): Little Bear Blue running on the grass, Little Bird Ella flying above him, surrounded by tall trees.

第二页 页码2

文本:每一天,他们都在森林里玩耍,脸上总是挂着开心的笑容。图像:小熊布鲁和小鸟艾拉在森林里笑着,背景有野花和阳光。

图像(英文): Little Bear Blue and Little Bird Ella smiling in the forest, with wildflowers and sunshine in the background.

第三页 页码3

文本:艾拉在树枝上兴奋地向布鲁描述天空的美景,蓝天、白云,还有飞翔的感觉。图像:小鸟艾拉站在树枝上,向小熊布鲁描述天空。小熊布鲁在树下仰望。

图像(英文): Little Bird Ella standing on a branch describing the sky to Little Bear Blue, who is looking up from below.

第四页 页码4

文本:他们决定一起制作一个风筝,艾拉在指导,小熊认真地学习。

图像:小熊布鲁和小鸟艾拉一起制作风筝。艾拉在指导,小熊布鲁在学习。

图像(英文):Little Bear Blue and Little Bird Ella making a kite together. Ella is guiding, and Little Bear Blue is learning.

第五页

页码5

文本:小熊布鲁坐在风筝上,小鸟艾拉在前面引导,他们正离开地面。图像:小熊布鲁坐在风筝上,小鸟艾拉在前面引导风筝,风筝离开地面。

图像(英文): Little Bear Blue sitting on the kite, Little Bird Ella guiding it as the kite leaves the ground.

第六页 页码6

文本:风筝在五彩缤纷的云朵和美丽的自然景观之间飞行,布鲁和艾拉感受到天空的广阔和美丽。图像:风筝在五彩缤纷的云朵和自然景观之间飞行,小熊布鲁和小鸟艾拉在风筝上。

图像(英文): The kite flying among colorful clouds and beautiful natural scenery, with Little Bear Blue and Little Bird Ella on it.

第七页 页码7

文本:小鸟艾拉努力引导风筝,小熊布鲁紧张地拽着风筝的绳子,他们的心中充满了冒险的兴奋。图像:小鸟艾拉在风中引导风筝,小熊布鲁紧张地拽着风筝的绳子。

图像(英文): Little Bird Ella guiding the kite in the wind, while Little Bear Blue holds the kite string nervously.

封底 页码8

文本:夕阳西下,小熊布鲁和小鸟艾拉坐在一起,看着美丽的落日,脸上洋溢着幸福的笑容。图像:夕阳西下,小熊布鲁和小鸟艾拉坐在一起看着落日,脸上带着笑容。

图像(英文): Little Bear Blue and Little Bird Ella sitting together watching the sunset, with smiles on their faces.

> **提示**
> 在使用DeepSeek生成绘本的文本内容时,难免会遇到生成内容不符合创作者内心想法的情况,创作者需要耐心对DeepSeek进行调整,才能获得好的生成内容。

10.5.2 使用 Midjourney 生成素材

STEP 01 打开Midjourney,输入指令"/settings"并选择,如图10-22所示,按Enter键发送。

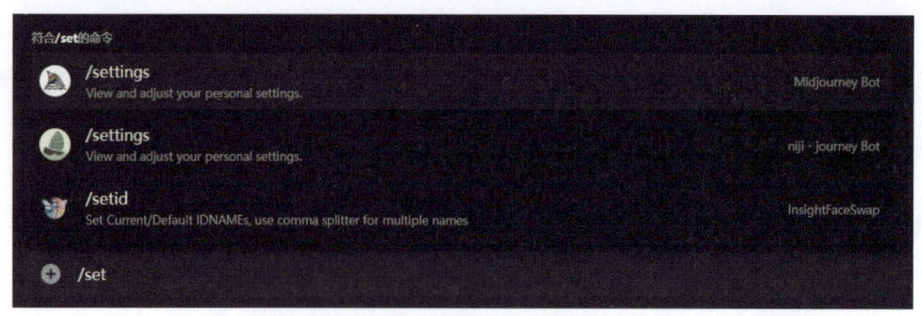

图10-22

STEP 02 在弹出的设置中将版本修改为Niji Model V6，即可使用Niji journey，如图10-23所示。注意，下次若要使用Midjourney模型，需要在此处重新选择Midjourney版本，同时在该区域也可以选择使用快速模式（Fast mode）或是休闲模式（Relax mode）来生成图片。

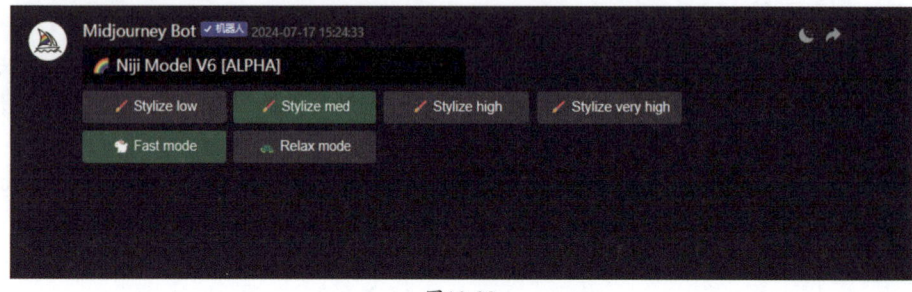

图10-23

STEP 03 完成版本设置后即可使用提示词生成绘本图像。由ChatGPT提供的对第一个画面的描述，可以得到初步的提示词内容，如图10-24所示。原本的提示词为"Little Bear Blue and Little Bird Ella standing together against a blue sky and white clouds.（小熊布鲁和小鸟站在一起，背景是蓝天和白云）"。因为要生成的图像主要包含一只小熊和一只小鸟，所以将"小熊布鲁和小鸟艾拉"简化，变为"一只小熊和一只小鸟"，这样能够得到更加精确的结果。修改后为"A Bear and a Bird standing together against a blue sky and white clouds.（一只小熊和一只小鸟站在一起，背景是蓝天和白云）"。

封面
页码0
文本：小熊布鲁和小鸟站在一起，背景是蓝天和白云。
图像：小熊布鲁和小鸟艾拉站在一起，背景是蓝天和白云。
图像（英文）：Little Bear Blue and Little Bird Ella standing together against a blue sky and white clouds.

图10-24

STEP 04 为了凸显小熊和小鸟，可以再次强调这两个角色，即在末尾重复描述对象，如"A Bear and a Bird standing together against a blue sky and white clouds,one bear,one bird."。翻译为"一只小熊和一只小鸟站在一起，背景是蓝天和白云，一只熊，一只鸟。"

STEP 05 加入选定的描述风格、尺寸的提示词，形成最终的提示词，如"A white Bear and a white Bird standing together against a blue sky and white clouds,one bear,one bird,children's picture book,by Lucy Grossmith,cheerful colors,high details"。翻译为"一只白熊和一只白鸟站在一起，背景是蓝天和白云，一只熊，一只鸟，儿童绘本，露西·格罗史密斯风格，欢快的色彩，高细节"。

STEP 06 在Midjourney的指令框中输入指令"/imagine"并选择，接着在prompt框中输入前面准备好的提示词，如图10-25所示。

图10-25

STEP 07 按Enter键发送，经过短暂等待，Midjourney会根据提示词生成4张图，如图10-26所示。如果用户对于生成的图片不满意，可以单击"刷新"按钮，在Remix Prompt（重新生成）对话框中修改提示词，或直接单击"提交"按钮，让Midjourney重新生成，如图10-27所示。

图10-26 　　　　　　　　　　　　　　　　　　图10-27

STEP 08 多次生成图片后，选择第4张图作为绘本封面，单击"U4"按钮，对其进行放大操作。放大后右击图片，在弹出的快捷菜单中选择"保存图片"选项，如图10-28所示，即可将其保存至本地，命名为"Storybook_1"。

图10-28

STEP 09 继续生成后续图片。对于第2幅画面，提取ChatGPT提供的画面关键词，如图10-29所示。

第一页
页码1
文本：在宁静的森林里，小熊布鲁和小鸟艾拉每天都在一起玩耍。他们是最好的朋友。
图像：小熊布鲁在草地上奔跑，小鸟艾拉在他头顶飞翔，周围是高大的树木。
图像（英文）：Little Bear Blue running on the grass, Little Bird Ella flying above him, surrounded by tall trees.

图10-29

STEP 10 为了强调画面主体元素并控制风格，添加之前的强调提示词和风格控制提示词，得到修改后的提示词，如"A white Bear running on the grass, A Bird flying above him, surrounded by tall trees, one bear, one bird, children's picture book, by Lucy Grossmith, cheerful colors, high details"。

STEP 11 返回选择保存的图像处，单击"V4"按钮，如图10-30所示。以这张图为依据，输入修改后的提示词，如图10-31所示，生成新的图片。

图10-30 　　　　　　　　　　　　　　　　　　图10-31

第10章　AI联动——与AI工具关联使用

161

STEP 12 生成图片后，选择合适的图片，如第3张图。画面中多了一只小鸟，需要进一步调整，单击"U3"按钮，放大第3张图，如图10-32所示。

图10-32

STEP 13 单击"Vary（Region）"按钮，也就是局部重绘功能，进行局部修改，如图10-33所示。

图10-33

STEP 14 在弹出的对话框中选择"矩形选框工具"■或"套索工具"●，选择树上的小鸟区域，单击"Submit Job"（提交）按钮●，如图10-34所示，即可让Midjourney再次生成图片，并在新生成的图片中删除多余的小鸟。

图10-34

STEP 15 提交后Midjourney会自动生成4张图片供用户选择，如图10-35所示。

图10-35

STEP 16 选择合适的图片进行放大升级，单击"U4"按钮，放大第4张图像，如图10-36所示，然后将其保存至本地，命名为"Storybook_2"。

图10-36

STEP 17 使用ChatGPT生成的提示词，在Midjourney中生成剩下的素材，保存本地后依次命名。

10.5.3 导入剪映中进行剪辑

STEP 01 启动剪映专业版，导入"Storybook_1.png"~"Storybook_9.png"图片素材至剪映专业版，并添加至时间轴区域，如图10-37所示。

图10-37

STEP 02 切换至"音频"选项，在剪映"音乐库"的"儿歌"分类下选择合适的背景音乐，将其添加至时间轴区域，如图10-38所示。

图10-38

STEP 03 移动时间线至00:00:38位置，选中时间轴区域的音频素材，单击常用工具栏中的"向左裁剪"按钮，裁掉空白片段，如图10-39所示。

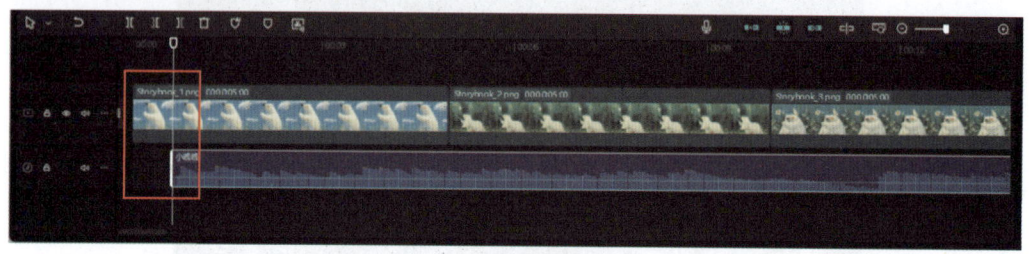

图10-39

STEP 04 移动时间线至图片素材结束处，选中时间轴区域的音频素材，将其前移。单击常用工具栏中的"向右裁剪"按钮，裁掉多余片段，使音频素材时长和图片素材时长保持一致，如图10-40所示。

图10-40

STEP 05 切换至"文本"选项，在"手写字"分类下选择合适的文字模板效果添加至时间轴区域，调整文字模版效果时长与第1张图片素材时长一致。添加至时间轴区域后，选中文字模版效果，在检查器窗口中修改其参数，为文本添加加粗效果和修改文字颜色，如图10-41所示。

图10-41

164

STEP 06 切换至"文本"选项,添加一段文本素材至时间轴区域,调整文本内容和参数,并调整该文本素材时长为2.5s,如图10-42所示。

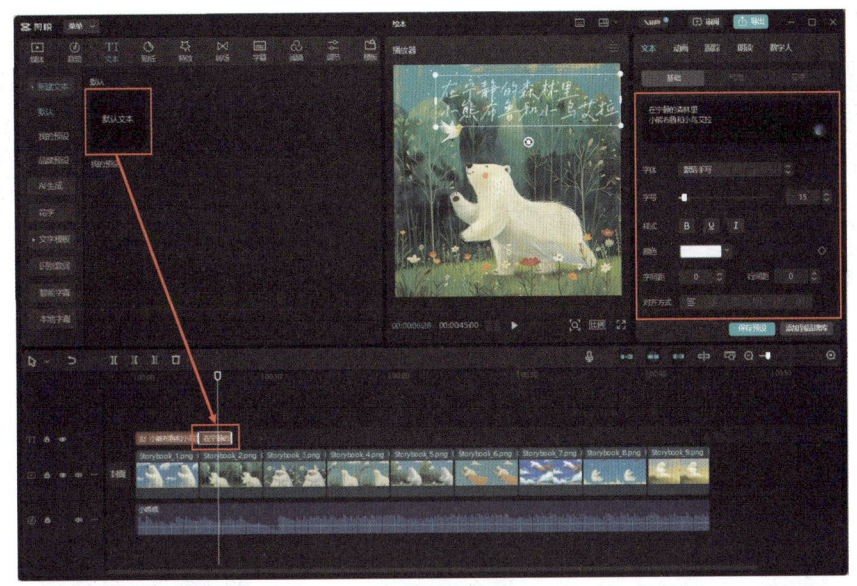

图10-42

STEP 07 选中刚刚添加的文本素材,按Ctrl+C组合键复制,移动时间线至00:07:50位置,按Ctrl+V组合键粘贴,如图10-43所示。

图10-43

STEP 08 在检查器窗口中修改刚刚粘贴的文本素材参数,如图10-44所示。

图10-44

STEP 09 参考步骤06与步骤07，将ChatGPT生成的文本内容依次添加至时间轴区域，并根据画面内容对其进行微调。添加后时间轴区域如图10-45所示。

图10-45

STEP 10 切换至"特效"选项，在"画面特效"选项的"边框"分类下选择合适的边框效果，将其添加至时间轴区域的素材上，如图10-46所示。

图10-46

STEP 11 切换至"转场"选项，在"幻灯片"分类下找到"翻页"转场效果，将其添加至时间轴区域，选中转场效果，单击检查器窗口中的"应用全部"按钮，如图10-47所示。

图10-47

STEP 12 添加转场效果后，对时间轴区域内的字幕素材进行调整，如图10-48所示。

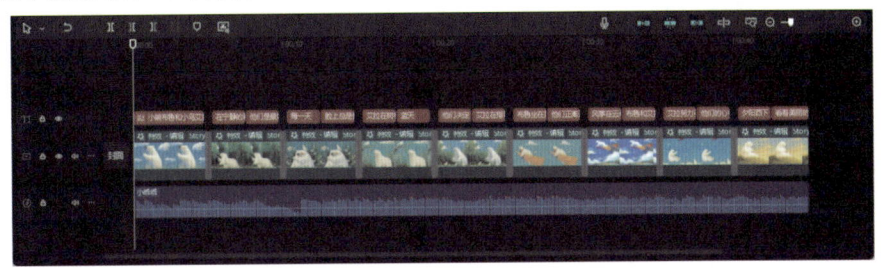

图10-48

STEP 13 选中时间轴区域通过新建文本添加的第一段字幕素材，在检查器窗口中切换至"动画"选项，为其添加"溶解"入场动画效果，如图10-49所示。

STEP 14 在"动画"选项的"出场"选项下为其添加"溶解"出场动画效果，如图10-50所示。

图10-49

图10-50

STEP 15 参考步骤13和步骤14，为剩下的字幕素材添加入场和出场动画效果，如图10-51所示。

图10-51

STEP 16 完成操作后，预览视频画面效果，如图10-52所示。

图10-52

10.6 拓展练习：16∶9动态绘本制作

前面制作的动态绘本是1∶1的比例，但常见视频比例一般为16∶9或9∶16，请读者结合前面所学知识，使用AI工具生成画幅比例为16∶9的素材，并将素材导入剪映中制作一个16∶9的动态绘本视频，如图10-53所示。

图10-53

第 11 章 综合案例

"纸上得来终觉浅",视频剪辑最重要的还是实战操作。本章将使用剪映专业版进行实战演练,制作两个不同类型的视频,并对制作步骤进行详细说明。

11.1 时尚美妆广告

随着短视频行业的发展壮大,使用短视频宣传商品成了电商扩大销售的方式之一。很多电商会在短视频中对产品进行相关介绍,或是向用户介绍品牌理念,激发消费者的购买欲,并以直播带货为辅助,提高销售量。

制作电商广告短视频时,应注意突出产品本身或品牌理念,注重文字标签、文案内容和视频节奏的把控,通过音乐和文字、画面配合,让视频本身更具节奏感,为观众带来紧迫感,促使成交。

11.1.1 对素材进行剪辑

导入素材后,首先对素材进行粗剪,让素材之间相互配合,初具视频雏形。

STEP 01 导入 "美妆1.jpg" ~ "美妆9.jpg" 图片素材至剪映专业版,并添加至时间轴区域,如图11-1所示。

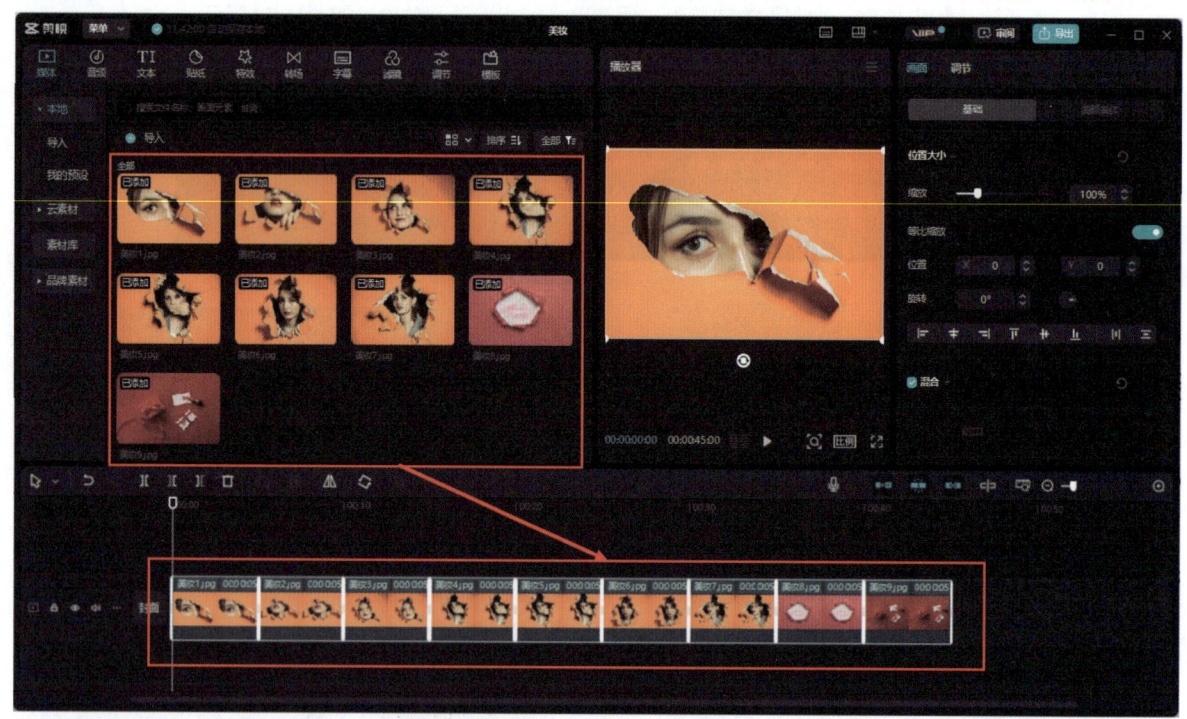

图11-1

STEP 02 单击 "音频" 按钮 ,切换至 "音频" 选项,在剪映 "音乐库" 的 "美妆&时尚" 分类下找到合适的背景音乐,添加至时间轴区域,如图11-2所示。

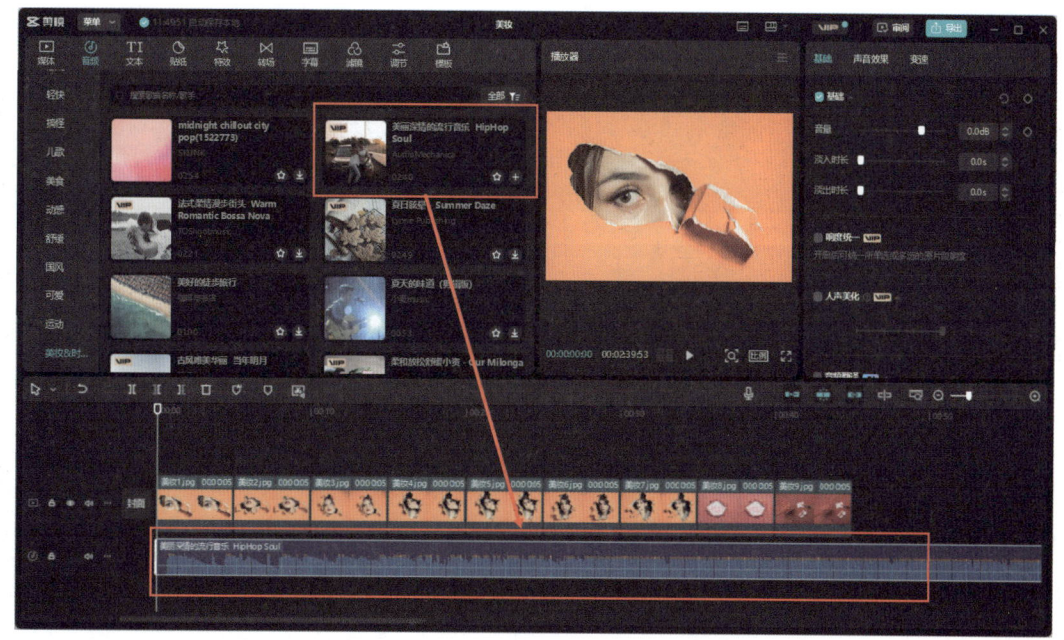

图11-2

STEP 03 移动时间线至00:00:37位置，选中音频素材，单击常用工具栏中的"向左裁剪"按钮，裁掉音频素材开始处的空白片段，如图11-3所示。

图11-3

STEP 04 移动音频素材，使其与图片素材对齐，如图11-4所示。

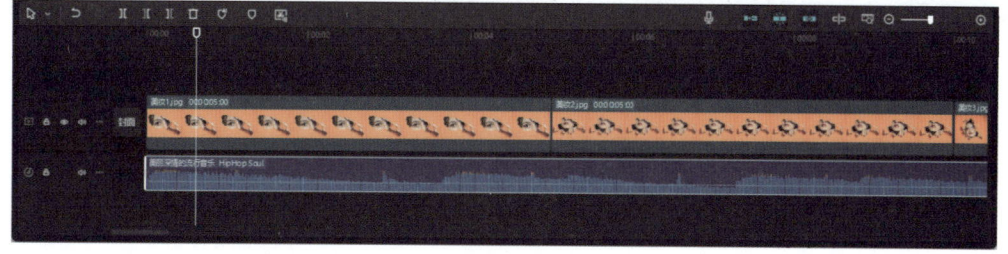

图11-4

STEP 05 选中时间轴区域的音频素材，单击常用工具栏中的"添加音乐节拍标记"按钮，选择"踩节拍Ⅱ"选项，为选中的音频素材添加音乐节拍，便于调整图片素材的时长，如图11-5所示。

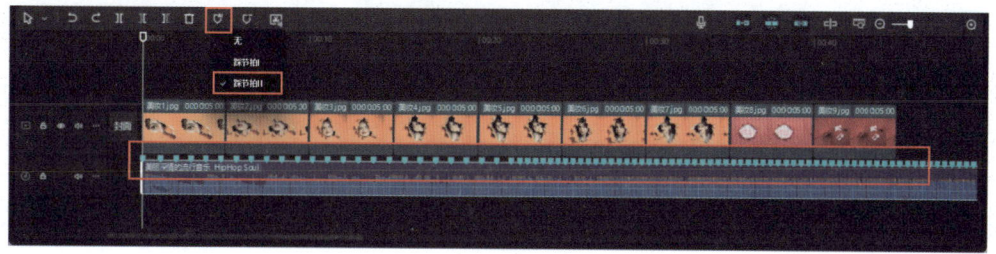

图11-5

STEP 06 移动光标至音频素材的横线上，当光标出现变化时，拖曳横线调整音频素材音量，使音频素材的波峰清晰可见，如图11-6所示。

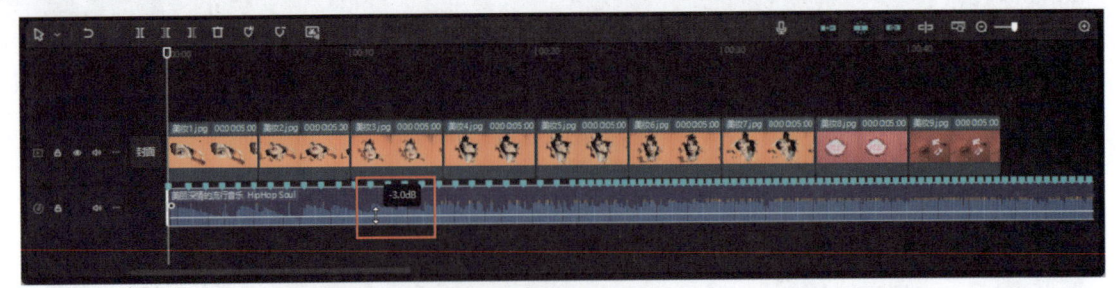

图11-6

STEP 07 结合添加的音乐节拍标记和音频素材的波峰，调整图片素材时长，如图11-7所示。

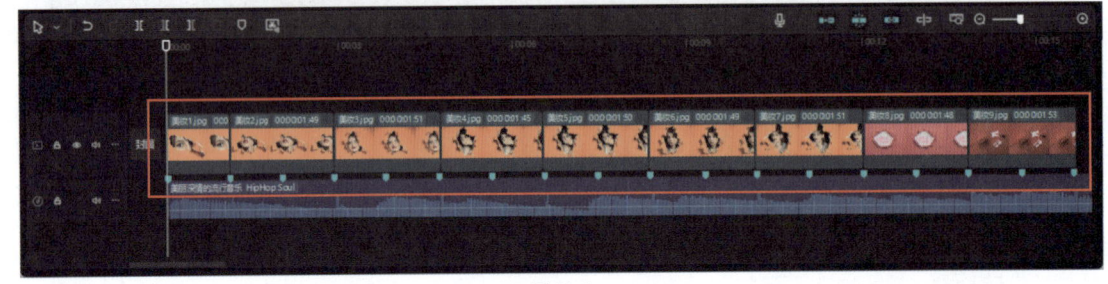

图11-7

STEP 08 移动时间线至图片素材结尾处，选中音频素材，单击常用工具栏中的"向右裁剪"按钮，使音频素材时长与图片素材时长保持一致，如图11-8所示。

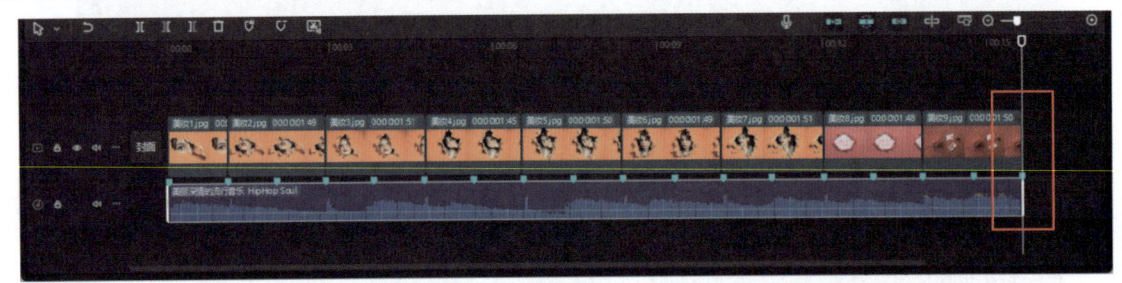

图11-8

11.1.2 添加字幕并调整

完成粗剪后，可以开始逐步完善视频，丰富视频内容，例如添加字幕，让视频中的信息量更大，而不是只有画面。

STEP 01 单击"文本"按钮，切换至"文本"选项，移动时间线至"美妆2.jpg"图片素材开始处，在"文本"选项中单击新建文本缩略图右下角的"添加"按钮，添加一段字幕素材至时间轴区域，使字幕素材时长与"美妆2.jpg"图片素材时长保持一致，如图11-9所示。

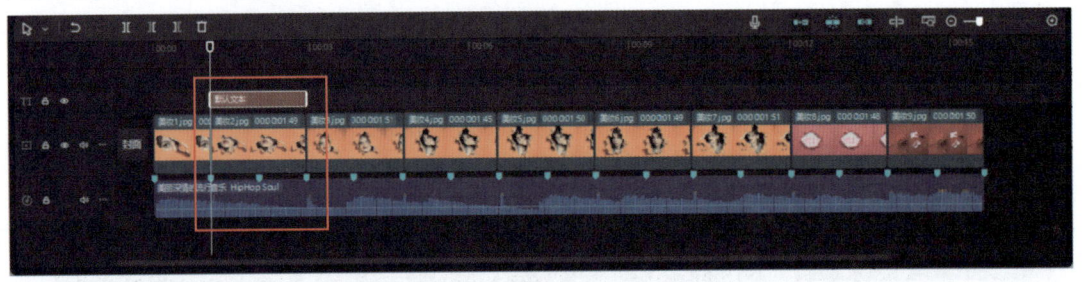

图11-9

STEP 02 选中字幕素材，在检查器窗口中修改字幕素材内容、字体、样式、字间距和行间距，并在预览窗口中调整字幕素材位置，如图11-10和图11-11所示。

图11-10   图11-11

STEP 03 选中时间轴区域的字幕素材，按Ctrl+C组合键对字幕素材进行复制操作。移动时间线至"美妆4.jpg"图片素材开始处，按Ctrl+V组合键将字幕粘贴在此处，并调整粘贴的字幕素材时长与"美妆4.jpg"图片素材时长一致，如图11-12所示。

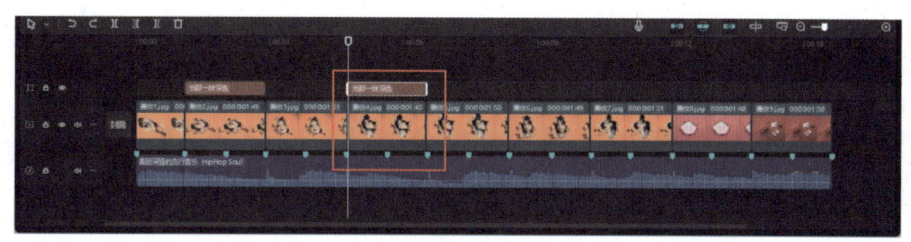

图11-12

STEP 04 选中刚刚粘贴的字幕素材，在检查器窗口中调整字幕素材的内容和位置，如图11-13和图11-14所示。

图11-13   图11-14

STEP 05 移动时间线至"美妆5.jpg"图片素材开始处，按Ctrl+V组合键将字幕素材粘贴在此处，并调整字幕素材时长与"美妆5.jpg"图片素材一致，如图11-15所示。

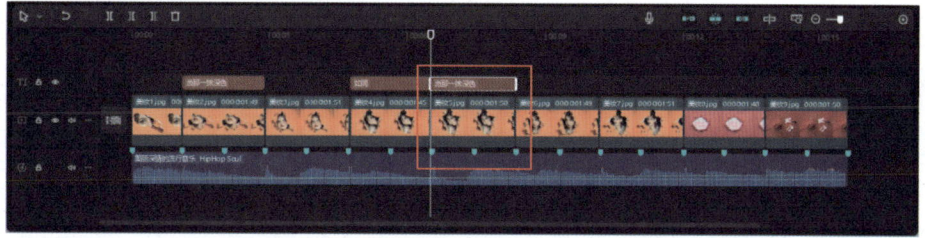

图11-15

STEP 06 选中刚刚粘贴的字幕素材，在检查器窗口中更改字幕素材的内容和位置，如图11-16和图11-17所示。

图11-16 　　　　　　　　　　　　　　图11-17

STEP 07 移动时间线至"美妆6.jpg"图片素材开始处，按Ctrl+V组合键将字幕素材粘贴在此处，并调整字幕素材时长与"美妆6.jpg"图片素材时长一致，如图11-18所示。

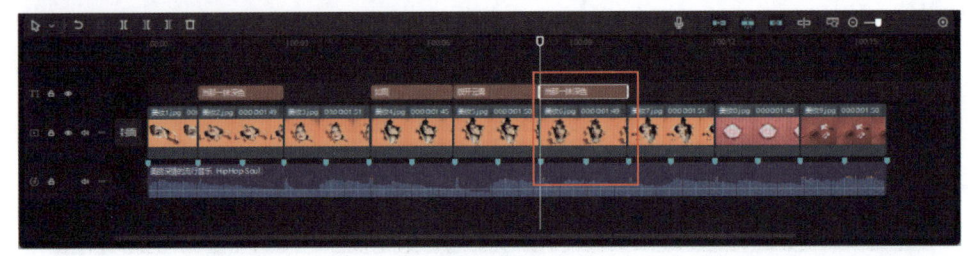

图11-18

STEP 08 选中刚刚添加的字幕素材，在检查器窗口中修改字幕素材的内容和位置，如图11-19和图11-20所示。

图11-19 　　　　　　　　　　　　　　图11-20

STEP 09 移动时间线至"美妆7.jpg"图片素材开始处，按Ctrl+V组合键将字幕素材粘贴在此处，并调整字幕素材时长与"美妆7.jpg"图片素材时长一致，如图11-21所示。

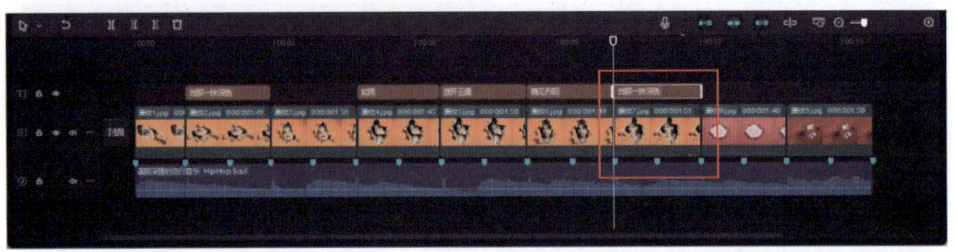

图11-21

STEP 10 选中刚刚粘贴的字幕素材，在检查器窗口中修改字幕素材的内容和位置，如图11-22和图11-23所示。

图11-22　　　　　　　　　　　　　　图11-23

STEP 11 移动时间线至"美妆8.jpg"图片素材处，按Ctrl+V组合键将字幕素材粘贴在此处，并调整字幕素材时长与"美妆8.jpg"图片素材时长一致，如图11-24所示。

图11-24

STEP 12 选中字幕素材，在检查器窗口中调整字幕素材的内容和位置，如图11-25和图11-26所示。

图11-25　　　　　　　　　　　　　　图11-26

STEP 13 移动时间线至"美妆9.jpg"图片素材开始处，按Ctrl+V组合键将字幕素材粘贴在此处，并调整字幕素材时长与"美妆9.jpg"图片素材时长一致，如图11-27所示。

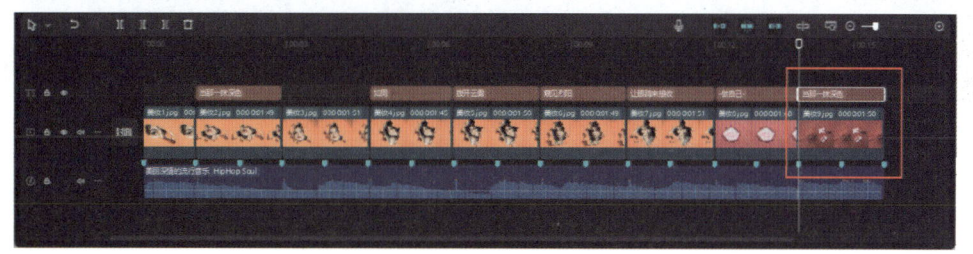

图11-27

STEP 14 选中粘贴的字幕素材，在检查器窗口中，调整字幕素材的内容和位置，如图11-28和图11-29所示。

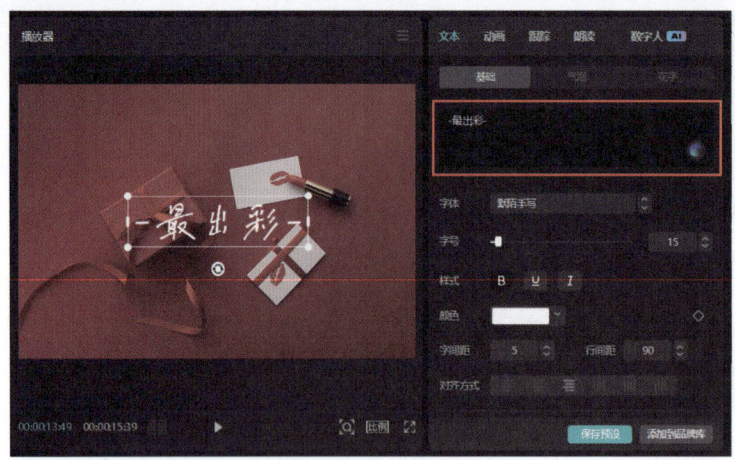

图11-28

图11-29

11.1.3 添加转场和动画效果

添加完成字幕后，为视频添加转场和动画效果，可以让视频更具动感。

STEP 01 单击"转场"按钮，切换至"转场"选项，在"转场"选项的"模糊"分类下，选择合适的转场效果，添加至时间轴区域的素材衔接处。选中转场效果，单击检查器窗口中的"应用全部"按钮，即可将转场效果应用至所有素材衔接处，如图11-30所示。

图11-30

STEP 02 单击"特效"按钮，切换至"特效"选项，在"特效"选项的Bling分类下，选择合适的特效效果，添加至时间轴区域，并调整特效素材的各项参数，使特效素材时长与图片素材时长保持一致，如图11-31所示。

174

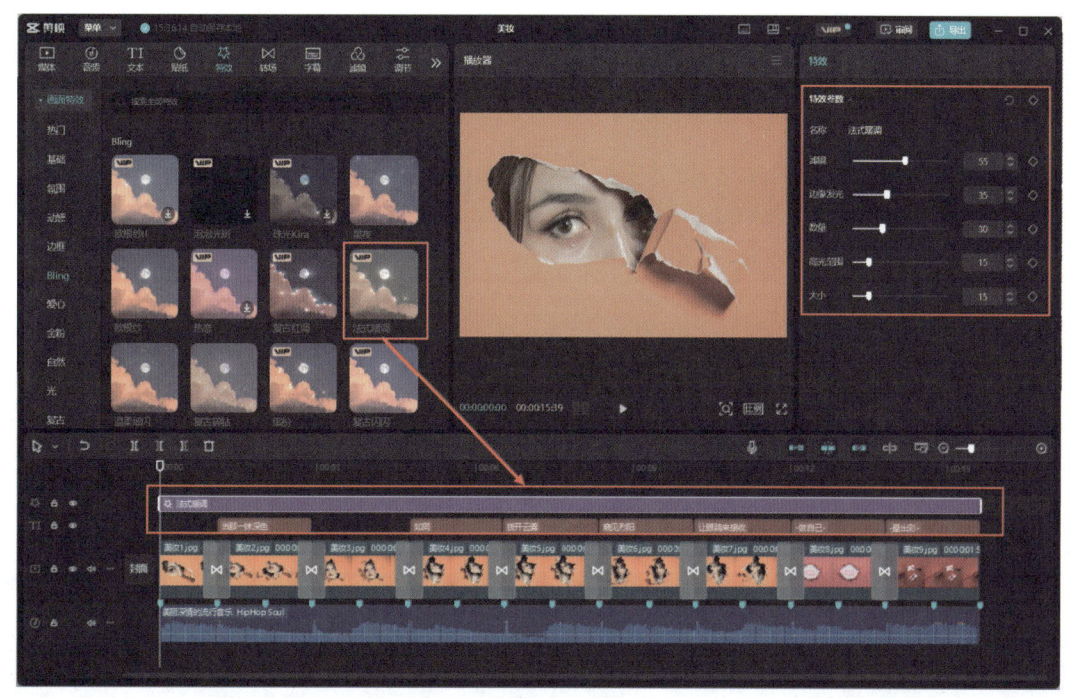

图11-31

STEP 03 选中时间轴区域第一段字幕素材，在检查器窗口中切换至"动画"选项，为字幕素材添加合适的入场动画效果，如图11-32所示。为字幕素材添加同名的出场动画效果，如图11-33所示。

图11-32　　　　　　　　　　　　　　图11-33

STEP 04 为剩下的字幕素材添加同样的入场动画和出场动画效果，如图11-34所示。

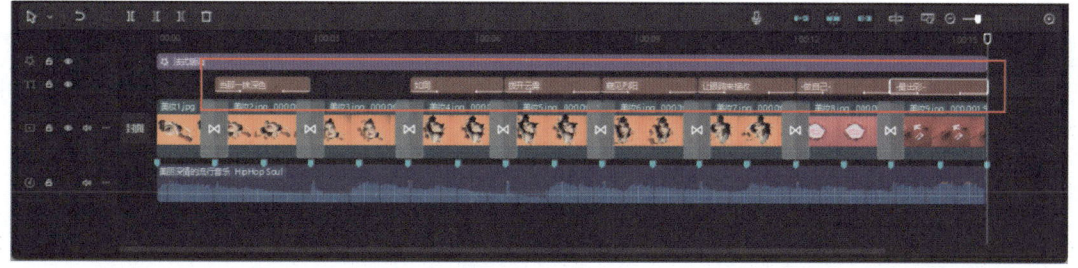

图11-34

STEP 05 完成操作后，预览视频画面效果，如图11-35所示。

图11-35

11.2 城市宣传片

城市宣传片能够展示一个城市的风貌。不论是当地的人文景观，还是自然景色，都能够以城市宣传片的方式来展示，使这座城市的美好生活变得更加生动有趣。

制作城市宣传片时，要明确城市的特点和控制宣传片的时长，增强视频的表现力。合适的视频时长能够为观众带来意犹未尽的感觉。

11.2.1 制作视频片头

制作城市宣传片前，要先制作一个能够展示城市风貌的片头，以吸引观众的目光。

STEP 01 导入"成都1.mp4"~"成都8.mp4"视频素材至剪映专业版，并添加至时间轴区域，如图11-36所示。

图11-36

STEP 02 移动时间线至00:10位置，选中"成都1.mp4"视频素材，单击常用工具栏中的"向右裁剪"按钮，裁掉多余片段，如图11-37所示。

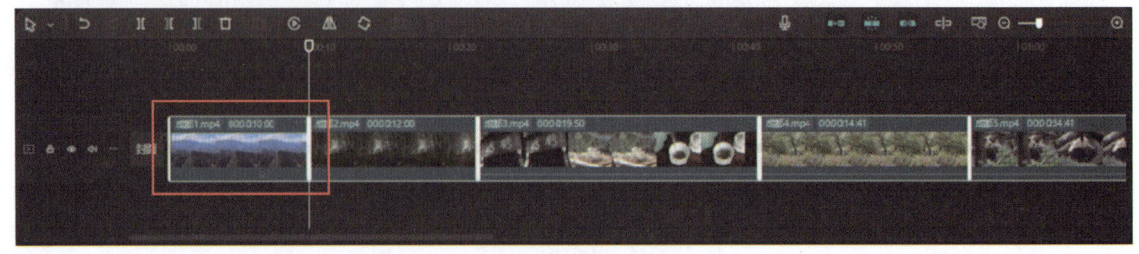

图11-37

STEP 03 切换至"文本"选项，在"文本"选项中选择合适的文字模版，将其添加至时间轴区域。选中该文字模版，在检查器窗口中修改文本内容，如图11-38所示。

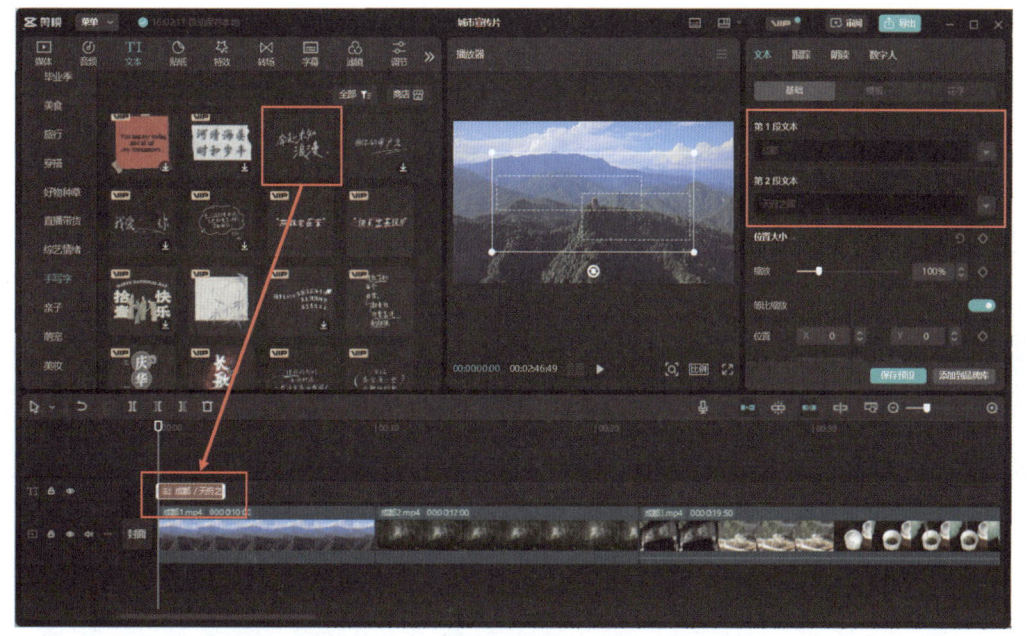

图11-38

STEP 04 移动时间线至00:03:20位置，调整文字模版时长为3秒20帧，如图11-39所示。

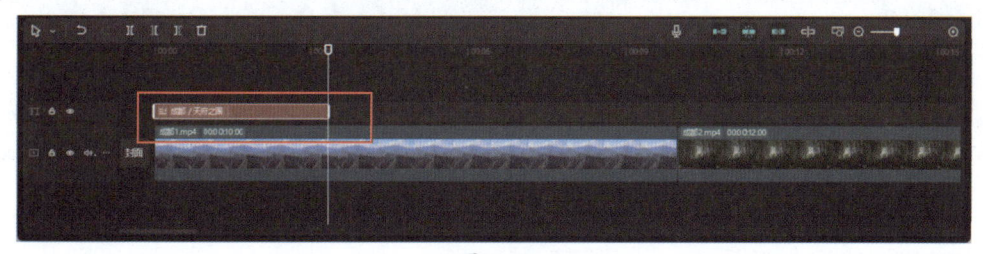

图11-39

STEP 05 移动时间线至00:04:00位置，在文字模板库的"手写字"分类下找到合适的文字模版效果，将其添加至时间轴区域，并在检查器窗口中调整文本内容，如图11-40所示。

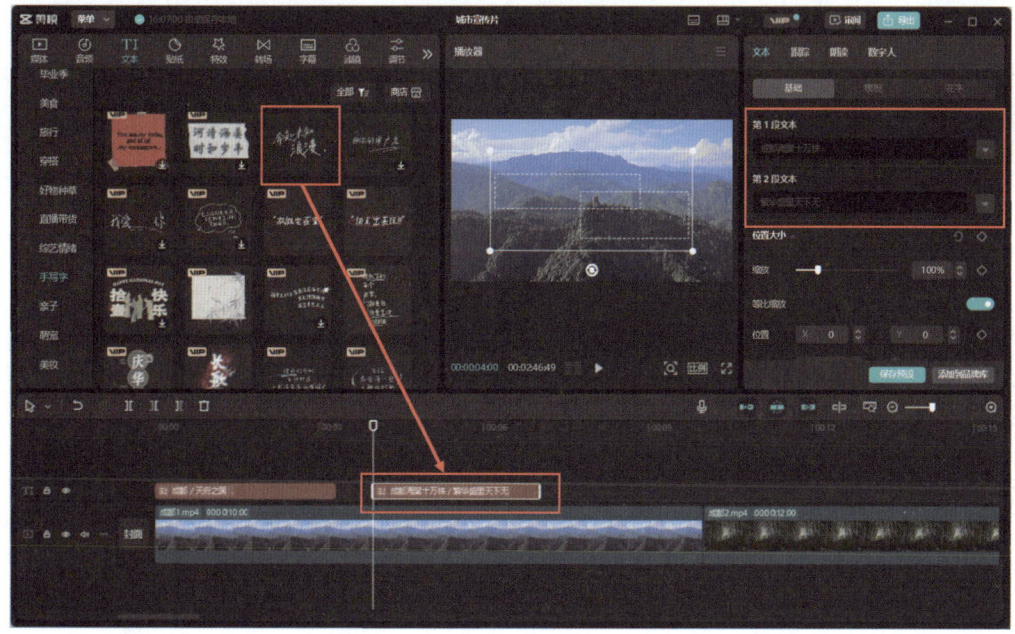

图11-40

11.2.2 对素材进行剪辑

制作完成片头后,即可对素材进行粗剪,使视频初具雏形,并在粗剪阶段构思后续的剪辑方向,摸索更好的剪辑方式。

STEP 01 移动时间线至00:08位置,选中"成都1.mp4"视频素材,单击常用工具栏中的"向右裁剪"按钮，裁掉多余片段,如图11-41所示。

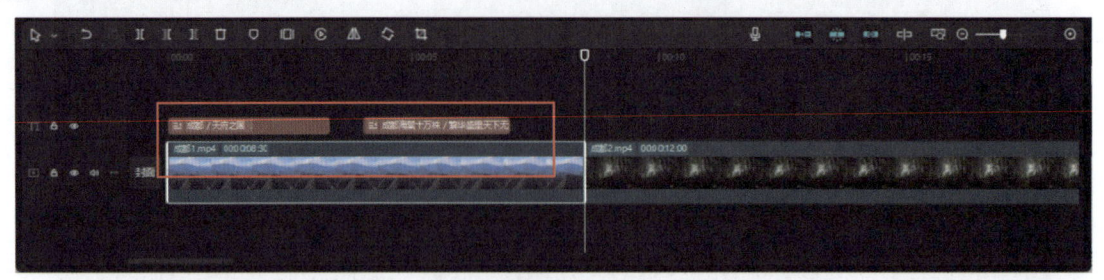

图11-41

STEP 02 移动时间线至00:13位置,选中"成都2.mp4"视频素材,单击"向右裁剪"按钮，裁掉多余片段,便于后面的视频素材进行衔接,如图11-42所示。

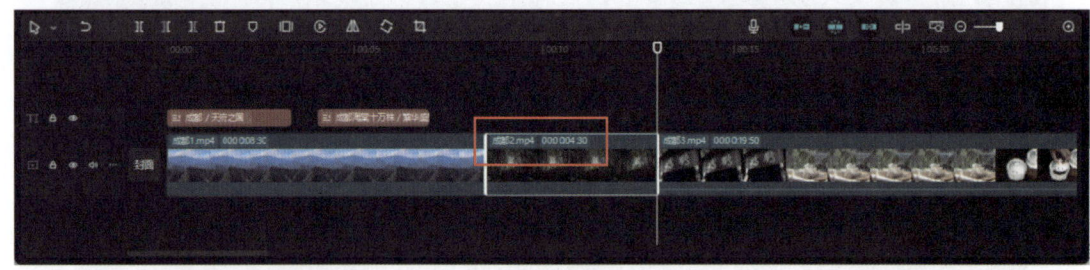

图11-42

STEP 03 移动时间线至00:36位置,选中"成都4.mp4"视频素材,单击"向右裁剪"按钮，裁掉多余片段,缩短视频素材时长,如图11-43所示。

图11-43

STEP 04 移动时间线至00:42位置,选中"成都5.mp4"视频素材,单击"向右裁剪"按钮，裁掉多余片段,如图11-44所示。

图11-44

STEP 05 移动时间线至00:45位置,选中"成都6.mp4"视频素材,单击"向右裁剪"按钮，裁掉多余片段,如图11-45所示。

图11-45

STEP 06 移动时间线至01:00位置，选中"成都7.mp4"视频素材，单击"向右裁剪"按钮，裁掉多余片段，如图11-46所示。

图11-46

STEP 07 移动时间线至01:06位置，选中"成都8.mp4"视频素材，单击"向右裁剪"按钮，裁掉多余片段，如图11-47所示。

图11-47

11.2.3 添加转场和特效

完成粗剪后，为素材添加转场效果能够让素材之间的过渡更加丝滑自然，同时添加合适的特效也能增强视频表现力。

STEP 01 切换至"转场"选项，在"拍摄"分类下找到合适的转场效果，将其添加至时间轴区域的素材衔接处，如图11-48所示。

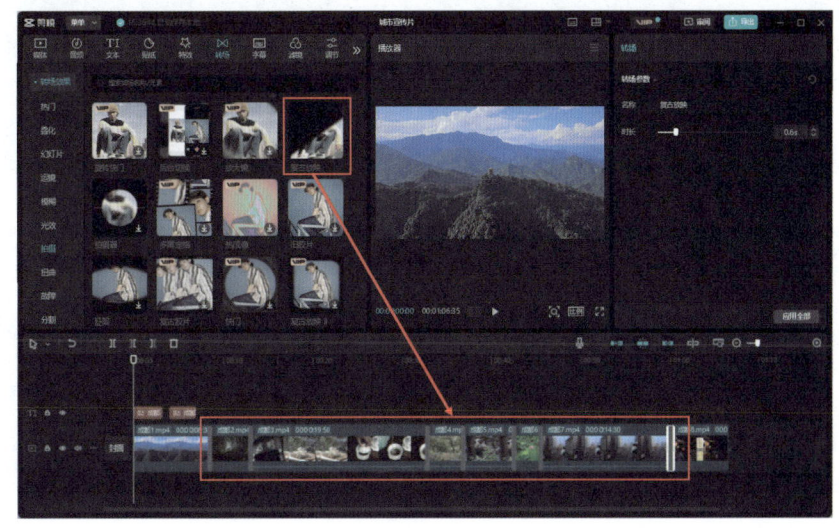

图11-48

STEP 02 选中转场效果，在检查器窗口中调整转场效果时长，调整后单击"应用全部"按钮，即可将调整应用至所有转场效果，如图11-49所示。

STEP 03 切换至"特效"选项，在"画面特效"选项中找到合适的画面特效，将其添加至时间轴区域，如图11-50所示。

STEP 04 在时间轴区域调整刚刚添加的特效素材，使其时长与视频素材时长保持一致，如图11-51所示。

STEP 05 选中"成都8.mp4"视频素材，复制并添加至画中画轨道，如图11-52所示。

图11-49

图11-50

图11-51

图11-52

STEP 06 调整画中画轨道的视频素材时长，避免在转场时出现画面，影响视频观感，如图11-53所示。

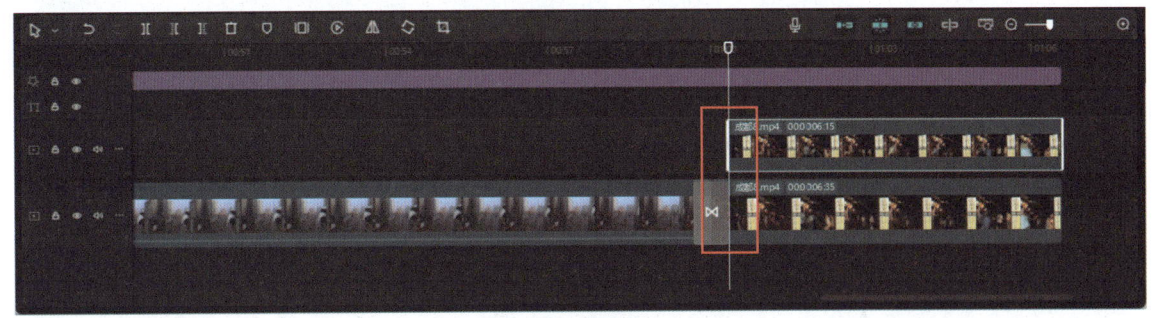

图11-53

STEP 07 切换至"特效"选项，在"画面特效"选项中添加"模糊"特效至画中画轨道的素材，如图11-54所示。

图11-54

STEP 08 选中画中画轨道的素材，在检查器窗口中切换至"蒙版"选项，为其添加"线性"蒙版效果，并调整各参数，如图11-55所示。

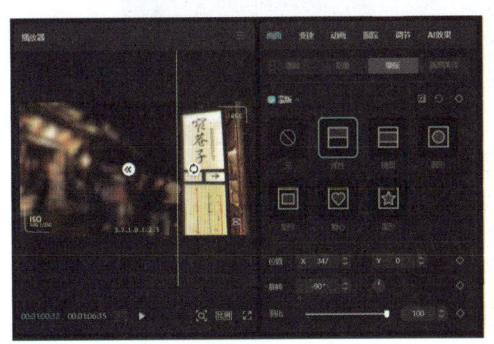

图11-55

11.2.4 添加音频和字幕

为视频添加背景音乐和字幕，丰富视频内容，能够告诉观众视频中的重点，进一步增强视频表现力。

STEP 01 切换至"音频"选项，在剪映"音乐库"的"国风"分类下找到合适的背景音乐，将其添加至时间轴区域，如图11-56所示。

STEP 02 移动时间线至视频素材结束处，选中音频素材，单击"向右裁剪"按钮，裁掉多余片段，使音频素材和视频素材时长保持一致，如图11-57所示。

181

图11-56

图11-57

STEP 03 选中时间轴区域的第二段字幕素材，在检查器窗口中调整第二段文本的参数，如图11-58所示。

图11-58

STEP 04 切换至"文本"选项,在"文本"选项栏中添加一段文本素材至时间轴区域,如图11-59所示。

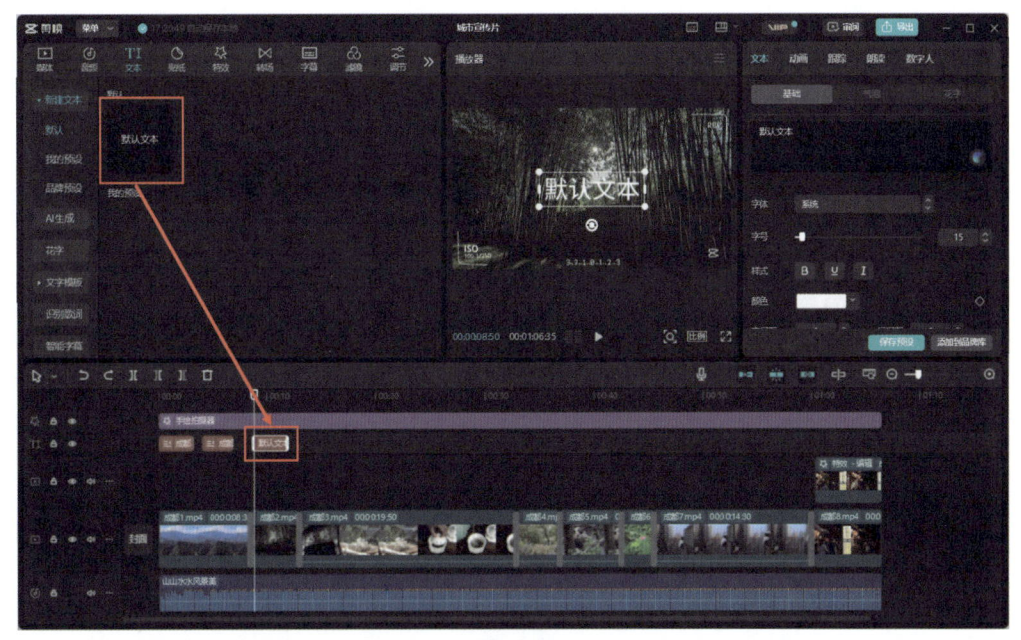

图11-59

STEP 05 选中刚刚添加的字幕素材,在检查器窗口中调整字幕素材参数,如图11-60所示。

图11-60

STEP 06 复制调整好的字幕素材,并根据撰写的文案内容,更改复制后的字幕参数,如图11-61所示。

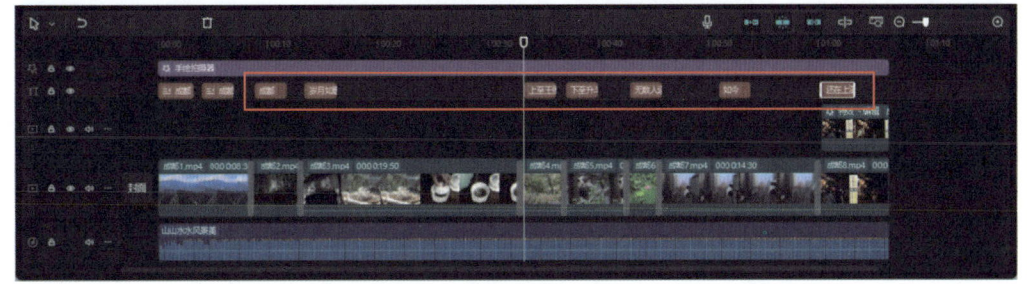

图11-61

183

STEP 07 选中添加的字幕素材，在检查器窗口中切换至"动画"选项，为其添加"溶解"入场动画效果，如图11-62所示。

图11-62

STEP 08 在"动画"选项中切换至"出场"分类，为该字幕素材添加"溶解"出场动画效果，如图11-63所示。

图11-63

STEP 09 参考STEP 07和STEP 08，为剩下的字幕素材都添加同样的入场和出场效果，如图11-64所示。

图11-64

STEP 10 切换至"音频"选项，在剪映"音乐库"的"国风"分类下找到合适的背景音乐，将其添加至时间轴区域，调整音频素材时长与视频素材时长一致，删除之前添加的背景音乐，避免两段背景音乐同时播放影响视频效果，如图11-65所示。

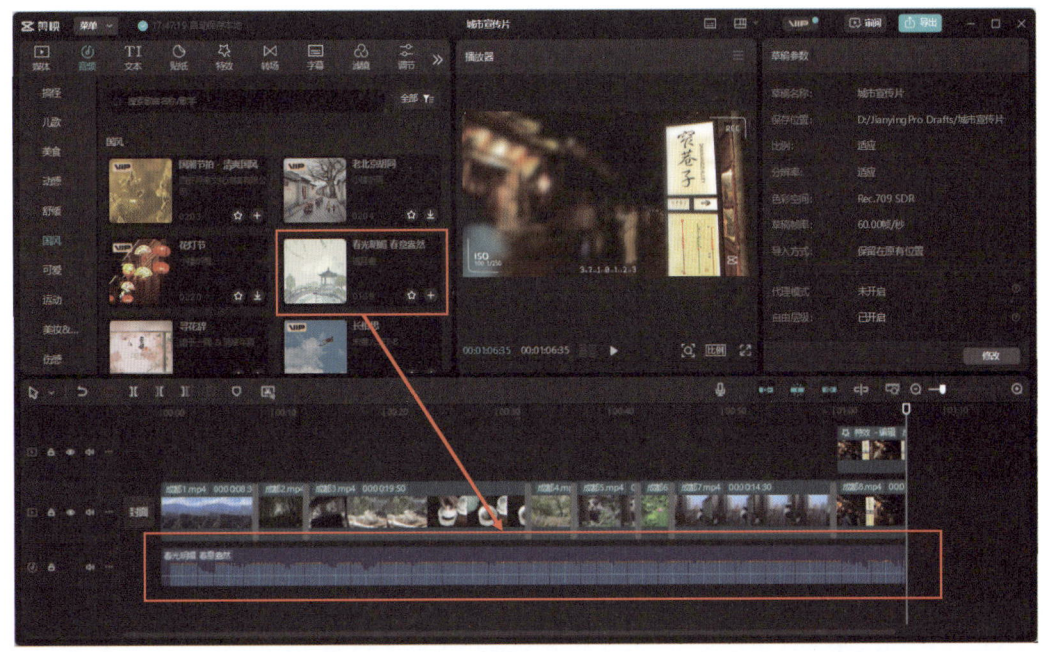

图11-65

STEP 11 完成操作后，预览视频画面效果，如图11-66所示。

图11-66